高等职业院校基于工作过程项目式系列教程

数据标注任务式教程

天津渤海职业技术学院
天津滨海迅腾科技集团有限公司　编著

徐霁堂　杨　霞　主编

天津大学出版社
TIANJIN UNIVERSITY PRESS

图书在版编目(CIP)数据

数据标注任务式教程/天津渤海职业技术学院,天津滨海迅腾科技集团有限公司编著;徐霁堂,杨霞主编. -- 天津:天津大学出版社,2024.6

高等职业院校基于工作过程项目式系列教程

ISBN 978-7-5618-7729-6

Ⅰ.①数… Ⅱ.①天… ②天… ③徐… ④杨… Ⅲ.①数据处理－高等职业教育－教材 Ⅳ.①TP274

中国国家版本馆CIP数据核字(2024)第106401号

SHUJU BIAOZHU RENWUSHI JIAOCHENG

主　编：徐霁堂　杨　霞
副主编：王永乐　王　伟　李树真　孟妍妍
　　　　沈燕宁　冯　怡

出版发行　天津大学出版社
地　　址　天津市卫津路92号天津大学内(邮编:300072)
电　　话　发行部:022-27403647
网　　址　www.tjupress.com.cn
印　　刷　廊坊市海涛印刷有限公司
经　　销　全国各地新华书店
开　　本　787mm×1 092mm　1/16
印　　张　14
字　　数　349千
版　　次　2024年6月第1版
印　　次　2024年6月第1次
定　　价　59.00元

前　言

本书紧紧围绕"以行业及市场需求为导向,以职业专业能力为核心"的编写理念,融入符合习近平新时代中国特色社会主义思想的新政策、新需求、新信息、新方法,以课程思政主线和实践教学主线贯穿全书,突出职业特点,使岗位工作过程落地。

本书通过分析对应知识、技能与素质要求,确立每个模块的知识与技能组成,并对内容进行甄选与整合。每个项目都设有项目导言、任务描述、任务技能、任务实施、项目总结、英语角和任务习题。结构体例清晰、内容详细,任务实施是整本书的精髓部分,有效地考查了学习者对知识和技能的掌握程度和拓展应用能力。

本书从基本的理论出发,详细讲解了数据标注从"入门"到"应用"的过程,对数据标注的基本概念、与人工智能的关系以及数据标注的基本流程进行讲解,使读者掌握数据标注的应用场景、标注文件的结构、数据的采集,了解提供数据标注的平台,重点学习数据标注的使用方法。读者在完成了语音数据标注、图像数据标注、视频数据标注、文本数据标注等项目的学习之后,能够了解数据标注的方法和注意事项,更加深入地理解数据标注的相关知识。

本书由天津渤海职业技术学院的徐霁堂和杨霞共同担任主编,许昌职业技术学院王永乐、枣庄职业学院王伟、山东铝业职业学院李树真、天津商务职业学院孟妍妍、天津滨海迅腾科技集团有限公司沈燕宁和冯怡担任副主编。其中,项目一由徐霁堂负责编写,项目二由杨霞负责编写,项目三由王永乐和王伟负责编写,项目四由李树真和孟妍妍负责编写,项目五由沈燕宁和冯怡负责编写。徐霁堂负责思政元素搜集和整书编排。

本书理论内容简明,任务实施操作讲解细致,步骤清晰,理论讲解以及操作过程均附有相应的效果图,便于读者直观、清晰地看到操作效果。本书会使得读者在学习数据标注的过程中更加得心应手,提高对数据标注的理论性认识。

由于编者水平有限,书中难免出现错误与不足,敬请读者批评指正和提出改进建议。

编者

2023 年 7 月

目　录

项目一 数据标注概述

高质量的数据是推动和开展人工智能研究和应用的基础,数据标注可以产出大量用于人工智能训练的数据,为人工智能机器学习的训练、优化与测试提供支持,是人工智能发展的重要动力。想要真正了解数据标注,首先需要了解数据标注的基本概念与发展,了解数据采集的基本知识。本项目主要对数据标注知识进行讲解,并通过数据标注平台使读者体验具体的标注过程,加深读者对于数据标注数据集、流程和应用场景的了解。

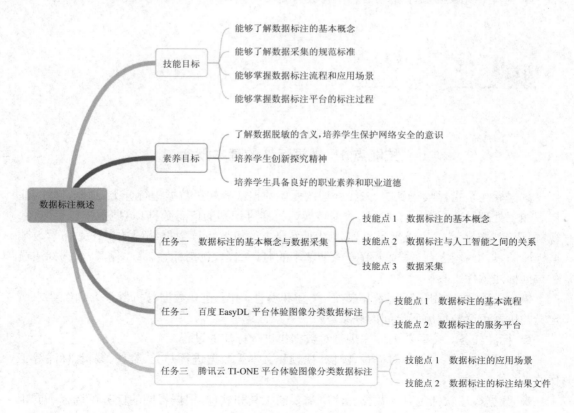

任务一　数据标注的基本概念与数据采集

数据标注与人工智能技术不可分割,是人工智能技术的基础。在实施数据标注任务之前需要掌握数据标注的需求任务,并根据需求进行数据采集。某公司计划实现智能图像分类小程序项目,需要采集各类图像信息数据。在任务进行的过程中,了解数据采集的基本概念,掌握数据采集的基本方式。

● 确定数据标注需求任务
● 应用开源公共数据创建数据集
● 应用真实拍摄图片作为数据集
● 应用网络爬虫技术获取信息作为数据集

技能点 1　数据标注的基本概念

数据标注是指对收集到的、未经处理的原始数据或者初级数据进行分类、画框、标注、注释等加工处理,再将这些处理过的数据转换为机器可识别的信息数据(这些数据包括图像、视频、语音、文字等),生成满足机器学习训练要求的机器可读数据编码的工作。在学习数据标注的具体内容之前,需要了解一些最基本的名词概念,包括标签、标注任务、数据标注员和数据标注软件工具。

● 标签。主要用于识别数据特征、类别和属性,用于建立数据与机器学习训练要求所定义的机器可读数据编码之间的联系。

● 标注任务。按照数据标注规范对数据集进行标注的过程。

● 数据标注员。负责对语音、图像、视频和文本等数据进行归类、整理、编辑、标注等工作的人。

● 数据标注软件工具。数据标注所需要的工具和软件,根据不同的任务可选择不同工具,可手动标注、半自动标注和自动标注。

数据标注与人工智能之间关系密切,数据标注的主要任务就是辅助人工智能技术发展,提供机器学习所需数据信息。如果想让机器获得与人类一样的认知能力,就需要帮助机器认识相应的特征,机器不同于人类,需要将大量带有特征的信息输入到机器中。例如让机器学习什么是汽车,那么需要将大量汽车的图片输入到机器中,并通过训练集反复地训练学习,之后进行检查巩固,最终使机器能够识别出真正的汽车,这也是数据标注的意义所在。机器学习汽车识别标注如图 1-1 所示。

图 1-1 机器学习汽车识别标注

技能点 2 数据标注与人工智能之间的关系

人工智能在早期发展阶段,其应用数据的量级较小,只需为人工智能提供小部分数据即可完成需求,这些工作都是由算法工程师完成的,而近年来人工智能技术在商用方向的成功以及算力和硬件的发展,使得待标注的数据量激增,无法仅靠算法工程师完成标注任务,人工智能的相关研究人员越来越认识到数据是人工智能的核心,在某种程度下数据的重要性甚至超过了算法,离开大量训练数据的人工智能算法无法达到预期目的,因此出现了专门从事数据标注的人员,从 2017 年开始数据标注这一行业才进入人们的视野中。经过几年的高速发展,目前大约有 2 000 万数据标注员。

如果把人工智能比作一个天赋异禀的孩子,那么数据标注就是它的启蒙老师,在传授的过程中,老师讲得越细致,越有耐心,那么孩子成长得也就越稳健。同样,换个角度,如果说人工智能是一条高速公路,那么数据标注就是高速公路的基石,基石越稳固,质量越过硬,那么高速公路使用起来就会越让人放心,越长久。

近段时间火爆的 ChatGPT 聊天机器人如图 1-2 所示。其基本原理是通过训练大规模语料库中的数据,生成模型,从而实现自然语言处理的任务,这些海量的数据就是经数据标注之后形成的有价值的数据,只有对这些数据进行训练学习才能产生意义,使得聊天机器人能与人们顺利地进行聊天沟通。

图 1-2　ChatGPT 聊天机器人

技能点 3　　数据采集

数据是宝贵的财富,互联网的普及产生了海量的数据信息,但这些信息蕴含了多少价值,没有人能够说清,为了进一步提升数据价值,需要对这些数据信息进行提取精炼。人工智能的不断发展需要数据的支持,人工智能的发展有三要素,分别是计算力、模型和数据,由此可见数据的重要性。

1. 数据采集

获取与采集数据信息是数据标注流程的重要环节。在进行数据采集的过程中,主要需考虑采集数据的规模是否满足训练人工智能模型的要求,计算数据的成本以及数据采集的多面性,以及满足训练要求的场景,在考虑这些之后则要注意数据隐私性,采集过程要合法,不能侵犯他人隐私、肖像权等个人权利。数据采集的方法主要有 7 种,分别是互联网数据采集、数据众包采集、数据行业合作、传感器数据采集、公共数据集、社交媒体和人力数据录入。

1)互联网数据采集

互联网数据采集也被称为网络抓取或者网络数据爬取,主要是通过数据爬虫技术和网页解析来完成的。这种采集方式可以及时、准确、全面地采集国内外媒体网站、行业网站、门户网站、论坛等互联网媒体所发布的文本、图像、视频、音频等信息,在抓取的同时可以进行筛选、校验、统计和提取。网络数据爬取如图 1-3 所示。

图 1-3　网络数据爬取

拓展知识：保护网络安全，保持良好网络生态

在利用网络爬虫技术采集数据时，会涉及对一些敏感信息的收集，甚至可能会被恶意利用而破坏网络安全，同时也会破坏网络服务器的性能，对于一些小型服务器而言，短时间内大量网络爬虫的数据采集会造成服务器瘫痪等严重后果。党的二十大报告中指出："加强全媒体传播体系建设，塑造主流舆论新格局。健全网络综合治理体系，推动形成良好网络生态。"作为软件从业人员，我们要时刻谨记信息安全的重要性，在进行网络爬虫数据采集时要遵守职业道德规范，牢记保护网络信息安全是每一个公民的责任。

2）数据众包采集

数据众包采集是指以数据支撑平台为基础，集中力量进行采集，并对错误信息进行纠正。数据众包采集的主要应用场景是：基于现有的数据采集人力、设备和时间无法满足现有数据的需求，在成本可接受的范围内可采用众包模式。

3）数据行业合作

数据行业合作主要针对拥有庞大和高质量的数据资源的行业企业和机构，通过数据连接以及人工智能的大数据平台对数据进行清洗、处理、整合、分析，在平台上进行管理与审核，最后将数据应用于人工智能。如图 1-4 所示。

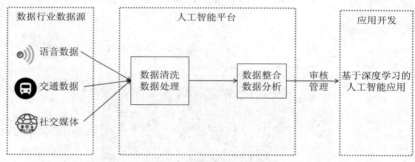

图 1-4　数据行业合作

4）传感器数据采集

传感器是计算机与外界现实环境连接的媒介之一，通过传感器可以凭借数值来描述现实环境。在计算机广泛应用的今天，各种优质的传感器为人们的工作生活带来了便利，例如摄影设备、气候检测设备、道路监控设备等，不同的传感器可以接收不同的信号，在实际采集真实信号时也会因为环境因素产生一些偏差，同时，传感器参数对数据采集也有一定影响。传感器数据采集概念图如 1-5 所示。

5）公共数据集

公共数据是已经被人们收集和整理的数据，数据来源可以是各类机构的数据、已公开的数据集等。公共数据集可以直接拿来使用，无须再次采集，大大节省了采集的时间和成本，也可以确保数据的质量和可靠性。

6）社交媒体

社交媒体平台如微博、微信等提供了非常丰富的信息来源，可以从中收集各种与用户相关的数据，如用户信息、关注者、话题、推文、评论等。这些数据可以用于市场调研、消费者行为分析、社交网络分析等。同时传统媒体也会发布大量有价值的信息，可从中发掘出各类数

据。微博社交平台如图1-6所示。

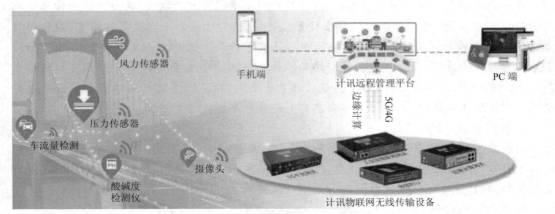

图1-5 传感器数据采集概念图

图1-6 微博社交平台

7）人力数据录入

对于一些无法通过计算机自动化采集的数据，如手写文件、图片、音频等，需要通过人工录入的方式进行数据采集。这种方式不仅比较费力，而且可能存在错误或不一致，但在一些需要高精度的数据采集场景中仍然不可或缺。

2. 数据采集的注意事项

1）需求理解

由于人与人之间存在区别，会导致信息在传递过程中出现滞后和误差。在进行有目的的数据采集时，相关用户会提出采集需求，要求数据采集人员深度理解采集需求，对于特殊行业和特殊数据要仔细思考，在理解过程中不能只停留于数据表面，才能高效地完成数据采集任务。

2）积极沟通

在数据采集过程中会发生很多状况，由于理解不同也会导致采集结果不同，此时就要和客户积极沟通，协商解决办法，不能隐瞒问题，降低数据采集标准。如果客户的数据需求发生了变化,也要及时调整数据采集方案。

还需要考虑采集时间问题,某些数据的时效性要求很高,例如新闻、热门商品评论等,这就要求数据采集团队提前规划方案,在规定时间内完成数据采集、清洗、打包等工作。

3)采集质量

人工智能公司对于采集数据的要求较高,数据采集团队负责人需要深刻理解采集标准,在实际的采集过程中要采用合法合理的数据采集方式,严格按照标准进行数据采集。对采集到的数据要进行质量检测,剔除不符合要求的数据信息,保证时效性和质量,为人工智能公司提供更为优质的数据服务。

3. 数据质量

使用各种采集方式可以采集到海量的数据,但这些数据不会全部满足客户需求,并且要考虑数据质量问题,例如语音数据的清晰度、图像数据的清晰度以及视频数据内容是否合法合规等。关于数据质量可以通过关联度、时效性、范围和可信度这4个方面来进行检测。

1)关联度

数据采集的目的是进行人工智能模型的训练,关联度是最为重要的,例如要训练关于人脸识别的模型,那么与人脸相关的数据关联度就很高,其余数据则视为无意义数据,需要将其剔除。

2)时效性

对于资讯类、热门信息数据,时效性是很重要的,在进行这方面数据的采集时要抓紧时间,以免错过最佳时间,导致数据价值降低。

3)范围

数据采集的目的决定了采集数据的范围,在人工智能领域内,范围影响着数据大小、质量以及完整度。

4)可信度

在进行数据采集时,要尽量选用有出处的数据信息以及大型公司、论坛、官方发布的信息息,这些信息数据是较为真实且可查证的,具有真实可信性。

数据标注采集是指对已经收集到的数据进行标注,以便于机器学习模型的训练和优化。以下是一个数据标注采集案例的详细说明,例如需采集物体图像用于分类检测。

第一步:确定数据采集目的、标准和对象。根据需求可知,数据采集要求为物体图像采集。具体要求为3项,可通过网络公共资源、真实图片拍摄以及网络爬虫技术获取数据。

● 使用开源公共数据集进行物体分类检测,具体图像可包括风景、交通工具、动物、装饰物、植物等。

● 通过真实图片拍摄创建数据集,具体可包括风景、动物、植物、装饰物等。

● 通过网络爬虫技术采集杯子相关物体图像,目的为对各类杯子进行分类识别标注。

第二步：应用开源公共数据集。

网络平台公共信息获取：从大学开放数据集平台搜索获取，根据相应需求下载整理完整的数据集，再根据具体需求筛选，以 OpenDataLab 平台为例，下载图像分类数据集，对应网站首页如图 1-7 所示。

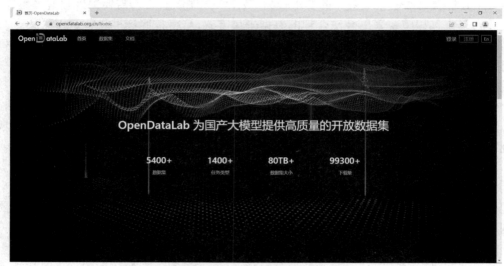

图 1-7　OpenDataLab 平台

寻找图像分类模块，查看其内容，数据集为"CBSD68"，用于图像分类检测数据集，如图 1-8 所示。

图 1-8　CBSD68 数据集

相应图像内容可以下载，如图 1-9 所示。

图 1-9　数据集下载效果

第三步：应用现实拍摄图像作为数据集。使用移动设备或者专业摄影设备根据要求拍摄真实图片。通过移动设备拍摄后保存至本地用于创建数据集，如图 1-10 所示。

图 1-10　现实拍摄图像

第四步：应用网络爬虫技术获取信息作为数据集。使用网络爬虫技术获取指定网站的一些开源信息，用于数据采集分析。例如使用 Python 完成网络爬虫过程。代码如下所示。

```
import os
import urllib.request
import requests
from bs4 import BeautifulSoup

# 输入网址
url = "https://www.maigoo.com/tuku/list_4795.html"
# 使用 urllib 发出请求
```

```
req = urllib.request.urlopen(url)
# 使用 BeautifulSoup 解析网页内容
soup = BeautifulSoup(req, "html.parser", from_encoding="utf-8")
# 获取所有图片
images = soup.find_all("img")
print(images)
# 遍历每个图片，并下载到本地
for img in images:
    # 获取 src 即图片存放链接
    img_url = img.get('src')
    try:
        # 判断 url 是否存在，再使用 requests.get 请求图片地址
        if img_url and img_url.startswith('http'):
            img_response = requests.get(img_url)
            # 通过 os.path.join 拼接文件名
            filename = os.path.join("./pachongimage", os.path.basename(img_url))
            # 打开文件，将请求到的内容写入文件
            with open(filename, "wb") as f:
                f.write(img_response.content)
    except:
        print(" 下载失败：", img_url)
```

执行上述代码之后，效果如图 1-11 所示，获取了 img 标签。

```
C:\Users\11727\AppData\Local\Programs\Python\Python38-32\python.exe D:/pachong/index.py
[<img src="https://www.maigoo.com/public/images/maigoo/v2019/brand18/newlist/logo.png?2022"/>, <img height="20" src="https://s.maig
```

图 1-11　网络爬虫获取信息效果

执行完毕，找到相应的文件夹查看图片，通过网络爬虫技术获取到的杯子图像信息如图 1-12 所示。

图 1-12　通过网络爬虫技术获取到的图像信息

任务二 百度 EasyDL 平台体验图像分类数据标注

任务一中讲述了各种获取数据集的方法,在获取标注任务的数据之后,还需进行一系列对数据的操作,之后才能进行数据标注。使用百度 EasyDL 平台进行简单的数据标注任务,使读者深刻体会数据标注过程。

数据采集只是数据标注任务的准备工作,在进行标注之前,还要进行后续的数据处理,以提高数据质量。某公司计划实现智能图像分类小程序项目,需要采集各类图像信息数据,用于图像分类标注任务。要求使用百度 EasyDL 平台进行数据集创建、数据清洗以及数据标注。在任务进行的过程中了解数据标注的基本流程,并在标注平台上完成简单的标注任务。

● 通过百度 EasyDL 平台创建数据集
● 根据图像数据分类标注需求进行数据清洗
● 进行图像数据分类标注
● 查看质检报告

技能点 1 数据标注的基本流程

数据标注的质量直接关系到最终训练的效果,其基本流程是数据采集、数据清洗、数据标注、数据质检和数据交付,如图 1-13 所示。

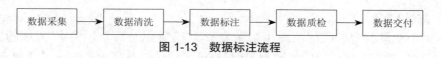

图 1-13 数据标注流程

1. 数据采集

数据采集与获取是整个数据标注流程的首要环节。标注团队与客户进行沟通,确定数据采集目的以及范围，客户规定时间，标注团队在保证质量和数量的同时，完成数据采集任务。

2. 数据清洗

通过互联网、传感器甚至平台获取的数据信息，并不是每一条都可以使用，一些脏数据和不完整、不符合场景的数据需要进行提前的处理，这一步就属于数据预处理，只有经过处理的数据才是有意义、能够用于分析研究的数据。在预处理的过程中，要把脏数据"清洗"掉，这是数据清洗的重要一环。

对于一些监控数据和爬虫数据需要去掉重复、无关和异常数据，同时对缺失数据进行补充，最大程度地纠正数据不一致性和弥补缺失情况，将数据统一成易于标注的形式，能够有助于训练更为准确的人工智能模型。数据清洗有以下一些处理方式。

● 数据查重

对于数据相似的情况会进行筛选去重，防止大量相似数据对整体质量产生影响。

● 无效和缺失情况

人为制作数据或者采集数据都会产生一些错误，例如无效值和缺失值，需要给予适当的处理。常用的处理方法有估算、整例删除、变量删除和成对删除。

估算。数据是数据采集最为关键的内容，当遇到数据不准确或者严重缺乏真实性的情况时就需要使用估算的处理方法。利用某个变量的样本均值、中位数或者众数来代替无效和缺失的数据。该方法虽然简单，但可能会产生很大的误差。另外的方式是根据标注需求调查寻找其他信息，进行代替。例如，某一产品的拥有情况可能与家庭收入有关，可以根据调查对象的家庭收入推算拥有这一产品的可能性。

整例删除。删除含有缺失值的样本数据。在收集的过程中，会采用手工收集，例如问卷这种带有主观性的收集方式。很多问卷都可能存在缺失值，整列删除的结果可能导致有效样本量大大减少，无法充分利用已经收集到的数据。因此，只适合关键变量缺失，或者含有无效值或缺失值的样本比重很小的情况。

变量删除。如果某一变量的无效值和缺失值很多，但该变量对于业务需求而言并不特别重要，则可以考虑将该变量删除。这种做法减少了供分析用的变量数目，但没有改变样本量。

成对删除。是用一个特殊码代表无效值和缺失值，同时保留数据集中的全部变量和样本。但是，在具体计算时只采用有完整答案的样本，因而不同的分析因涉及的变量不同，其有效样本量也会有所不同。这是一种保守的处理方法，最大程度地保留了数据集中的可用信息。

采用不同的处理方法可能对分析结果产生影响，尤其是当缺失值的出现并非随机且变量之间明显相关时。因此，在调查中应当尽量避免出现无效值和缺失值，保证数据的完整性。

● 一致性检查

根据每个变量的合理取值范围和相互关系，检查数据是否合乎要求，发现超出正常范围、逻辑上不合理或者相互矛盾的数据。例如，正常的体温数据突然出现了 0 摄氏度，体重出现了负数，都应视为超出正常值域范围。Excel 等计算机软件都能够根据定义的取值范围，自动识别每个超出范围的变量值。具有逻辑上不一致性的答案可能以多种形式出现：例如,许多调查对象说自己开车上班,又报告没有汽车;或者调查对象报告自己是某品牌的重度购买者和使用者,但同时又在熟悉程度量表上给了很低的分值。发现不一致时,要列出问卷序号、记录序号、变量名称、错误类别等,便于进一步核对和纠正。

● 数据脱敏

在进行数据清洗时也要注意数据脱敏,也被称为数据的去隐私化,这是在给定脱敏规则和策略的情况下,对敏感数据比如手机号、银行卡号等信息,进行转换或者修改的一种技术手段,防止敏感数据直接在不可靠的环境下使用。数据脱敏的应用在生活中是比较常见的,比如个人信息查询中,地址、身份证号等重要信息被用"*"遮挡,保障了个人信息隐私不泄露,这就是一种数据脱敏方式。如图 1-14 所示。

个人信息查询

编码 code	合同编号 contractno	姓名 name	地址 address	电话 mobile	身份证号 idnumber	操作时间 operatetime
100000	RAQA20184600000000001	稽**	海南省*****	138****3800	460033*******0672	2018-01-02 08:00:00
100001	RAQA20184600000000002	邓**	海南省*****	138****3800	460025*******0639	2018-01-02 10:00:00
100002	RAQA20184600000000003	狄**	文昌市*****	138****3800	460022*******1214	2018-01-02 11:00:00
100003	RAQA20184600000000004	段**	海南省*****	138****3800	460036*******0415	2018-01-02 11:00:00
100004	RAQA20184600000000005	伍**	万宁市*****	138****3800	460006*******233X	2018-01-02 11:00:00
100005	RAQA20184600000000006	宦**	定安县*****	138****3800	460025*******1219	2018-01-02 15:00:00
100006	RAQA20184600000000007	伏**	海南省*****	138****3800	460031*******0818	2018-01-02 17:00:00

图 1-14 个人信息数据脱敏

3. 数据标注

数据标注是核心环节,之前的数据获取和数据清洗预处理都是这一步的前提。在进行数据标注之前会根据人工智能算法工程师给出的标注样例进行标注,同时详细说明需求和标注规则,与客户积极沟通,以保障数据产出的质量和格式是合格状态。

1)定义数据标注和数据量

● 分析需求。明确数据标注过程中所需要的数据类型、数量、用途目的以及应用场景。

● 整理数据。明确数据标注文件与标签文件,在进行任务下发或者是任务验收时,应将其整合完整。

● 确定命名规则。明确数据标注文件与标签文件的命名格式,在命名时应避免数据在更新迭代时出现重名。

● 预估数据量。在明确了数据标注任务需求、人员数量、标注工具、成本之后,需要对数据标注数量进行预估。

2)标注规则

依据具体标注任务制定规则,包括项目背景、版本信息、任务描述、保密责任、标注方法、标注示例、质量要求等。

● 项目背景。用于描述数据标注任务的生产场景和目的。

● 版本信息。标注本次标注任务的版本编号(例如第一次为 1.0)、发布日期、发布人员、发布原因(更迭原因)、迭代历史(在原任务基础上进行更新,包括原任务的版本号、发布日期、发布人员、发布原因等)。

● 任务描述。概述标注项目的主要任务,包括标注任务的关键信息、数据形式、标注软件（平台）、标注方法、交付时间等。

● 保密责任。数据标注需求方在规则中列明安全要求，明确保密责任，签署协议，要求标注方对数据严格保密。

● 标注方法。数据需求方对于数据对象的标注标签定义（例如：人物、动物等），明确在软件或标注平台中使用的组件标签类型以及操作权限，标注方法是否适合标注任务（主要是指标注人员能否在短时间内按照需求正确地完成标注任务）。

● 标注示例。通过图片、文本、音频、视频等形式，给出正确标注的示例，明确在各个不同场景下的标注方法，对于特殊情况要进行标记。

● 质量要求。对任务的完成质量有合理的预估，质量审核应遵循质量要求。

3）标注工具和平台选择

标注工具应满足易操作性、规范性和高效性的要求。优秀的标注工具能够使标注任务变得流畅，操作难度降低，完成标注后的导出格式应满足或可转换到对应的格式要求。

标注平台包含各种各样的标注工具，可以满足图像、语音、文本、视频等不同类型的标注任务，但也会涉及数据集的安全问题。

当数据量比较小，数据类型单一且标注周期较短时，可以使用自定义标注工具完成标注任务，成本较低。当数据量较大、数据类型较多、应用场景较复杂且标注难度较大、周期较长时，可以选择标注平台标注任务。

4）常见标注方法

● 图像数据标注

图像数据标注常见的标注效果如图 1-15 所示。

图 1-15　图像数据标注效果

图像数据标注通常涉及目标检测、图像分割、图像分类等任务，常见的标注方式包括框标注、关键点标注、图像区域标注。

框标注。框标注是为每个目标物体打上标注框，表示它在图像中的位置和大小。这种方式通常用于目标检测和跟踪等任务。

关键点标注。关键点标注是指将需要标注的元素按照需求位置进行点位标识，从而实现关键点的识别。

区域标注。将图像分成各具特性的区域并提取出感兴趣目标的技术和过程,从而实现了对标注目标测量参数的提取。

● 文本数据标注

文本数据标注常见的标注效果如图 1-16 所示。

图 1-16　文本数据标注效果

文本数据标注通常涉及文本分类、情感分析、命名实体识别、关系抽取等任务,常见的标注方式包括实体标注、实体关系标注、情感标注和文本分类标注。

实体标注。实体标注需要将一句话中的实体提取出来,划分类别或者动作指令,常用于识别文本中具有特定意义的实体。

实体关系标注。实体关系标注是对文本中实体之间的关系进行标注,实体关系标注可应用于金融、医疗、电商等领域。

情感标注。文本情感分析的一个基本步骤是对文本中的某段已知文字的两极性进行分类,这个分类可能是在句子级、功能级。

文本分类标注。文本分类是指用计算机对文本按照一定的分类体系或标准进行自动分类标记,可用于垃圾过滤、新闻分类、词性标注等场景。

● 语音数据标注

语音数据标注常见的标注效果如图 1-17 所示。

语音数据标注通常涉及语音转文字、语音识别、语音情感分析等任务,常见的标注方式包括语音转写标注和情感标注。

语音转写标注。语音转写标注是指将语音数据转写成文本形式,表示语音中所包含的文字信息。这种方式通常用于语音转文字和语音识别等任务。

情感标注。除了转写标注外,还需标注语音中的情感、语调、语速等信息,表示语音中传达的更多的语言信息。

● 视频数据标注

视频数据标注常见的标注效果如图 1-18 所示。

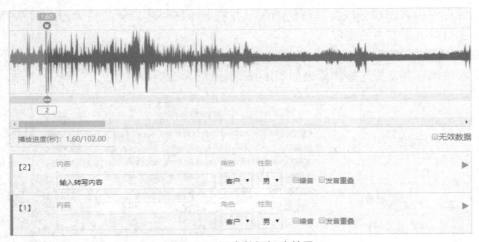

图 1-17　语音数据标注效果

图 1-18　视频数据标注效果

　　视频数据标注通常涉及目标检测、视频分割、动作识别等任务,标注过程中的效果与图像标注类似。视频数据标注特殊的标注方式包括视频连续帧标注和算法辅助标注。

　　视频连续帧标注。视频数据连续帧标注的目的是对场景中活动目标的位置、形状、动作、色彩等有关特征进行标注,提供大量数据供跟踪算法使用,从而实现对场景中活动目标的检测、跟踪、识别,以及进一步的行为分析和事件检测。

　　算法辅助标注。基于人工智能算法的自动化工具被应用于视频标注过程中,可实现自动化标注,从而减轻标注人员的负担。

4. 数据质检

　　经过之前的步骤已经完成了数据的标注工作,但由于是人工操作,难免会有错误和遗漏。为了提高输出数据的准确率,数据质检成为最后的保障,只有通过质检环节才能说数据标注最终完成。质检可以通过排查或者抽查的方式进行。检查时设有专职人员进行层层把关,一旦发现提交数据不合格就会将数据进行返工处理。

● 质量检查。确保数据真实有效,符合需求方要求。

● 质量控制。确保标注过程真实可控,可以产生预期效果。筛选低质量数据。

● 标准确认。确认合格标准,并在相关环节中贯彻实施。

5.数据交付

数据标注任务的交付标准主要在于标注的准确率和质量,可按照标注种类划分为图像数据标注交付、文本数据标注交付、语音数据标注交付、视频数据标注交付和其他数据交付。

● 图像数据标注交付。图像标注结果为带有标签的数据,根据标注任务的不同,标注文件内容也会不同,但最终不会影响数据格式以及组成部分。

● 文本数据标注交付。文本标注结果包含文本标签、标注位置,不同任务类型会有不同结果,不会影响数据格式以及组成部分。

● 语音数据标注交付。语音标注结果包含语音标注时间戳、标注标签、说话人信息、噪声信息、背景信息等。

● 视频数据标注交付。视频标注结果包含视频标注时间戳、标注标签等。

● 其他数据交付。在特殊的行业领域,例如医疗影像数据,使用特殊的标注方式并按照特殊的标准进行标注。

技能点 2　数据标注的服务平台

数据标注质量影响着人工智能训练模型的效果,良好的数据标注平台可以简化人工标注的操作过程,也可提高效率。以下介绍几种常见的数据标注平台。

(1)腾讯云数据采集标注服务。腾讯云数据采集标注服务是基于智能化采集标注工具的成熟的数据服务体系,提供专业的数据采集和标注服务,高效交付高质量目标数据,实现客户人工智能业务能力的快速提升。如图 1-19 所示。

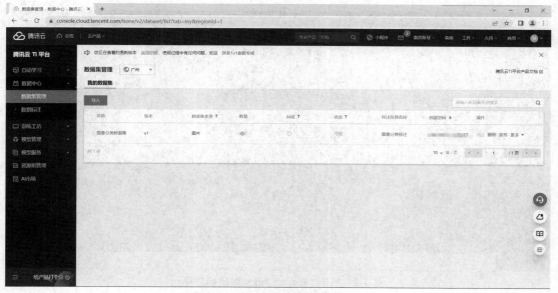

图 1-19　腾讯云数据采集标注服务

（2）百度飞桨 EasyDL 零门槛 AI 开发平台。百度飞桨 EasyDL 人工智能开发平台提供数据标注服务，在云端完成一站式数据标注和模型训练部署，无须依赖本地算力以及环境，用户即可体验数据标注整体过程。如图 1-20 所示。

图 1-20　百度飞桨 EasyDL 零门槛 AI 开发平台

（3）倍赛 BasicFinder 数据标注平台。倍赛 BasicFinder 数据标注平台简洁的界面和交互设置，可以使用户快速熟练使用。通过多种标注工具满足复杂多样的标注需求。如图 1-21 所示。

图 1-21　倍赛 BasicFinder 数据标注平台

（4）京东微工数据标注平台。京东微工数据标注平台依托京东集团大数据优势,支持多类型和多场景的数据标注工具,为相关人工智能企业提供数据服务,数据类型众多,例如新闻、对话、学术期刊、各国语言、生活视频和娱乐影视等。如图1-22所示。

图1-22　京东微工数据标注平台

（5）数据堂。数据堂专注于人工智能数据服务,致力于为人工智能企业提供数据以及数据产品服务,以实现数据价值最大化,推动人工智能技术应用和产业创新。为用户提供语音、图像、文本等全类型的人工智能数据定制以及数据服务解决方案。如图1-23所示。

图1-23　数据堂

使用百度 EasyDL 平台，完成图像分类基本数据标注任务，体验数据标注数据集创建与标注过程，熟悉数据标注流程。

第一步：登录百度 EasyDL 平台，进入图像分类数据标注控制台，如图 1-24 所示。

图 1-24　图像分类数据标注控制台

第二步：在左侧菜单栏中选择数据总览，如图 1-25 所示，可看到已经创建的数据集，点击"创建数据集"即可导入数据采集后的数据集。

第三步：创建数据集，输入数据集名称，在右侧可查看数据集的相关创建规则，如图 1-26 所示。

第四步：数据采集导入数据。导入方式可选择本地导入、BOS 目录导入、分享链接导入、平台已有数据集和公开数据集，此处介绍 3 种方式，即公开数据集、本地图片导入和本地压缩包上传。如图 1-27 所示。

图 1-25 数据总览

图 1-26 创建数据集

选择公开数据集即可选择公开数据集信息,用于基本的训练任务,如图 1-28 所示,选择安全帽检测。

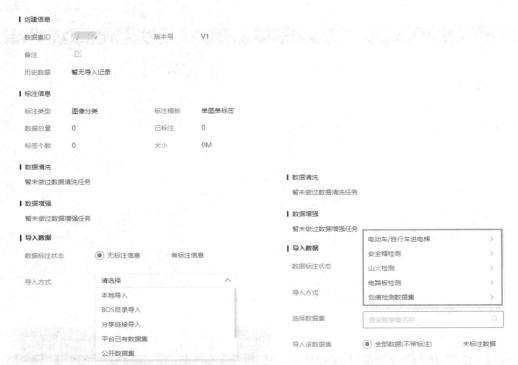

图 1-27　数据采集导入数据　　　　　　　　　图 1-28　公共数据集信息

选择本地上传，上传本地图片组成数据集。如图 1-29 所示。

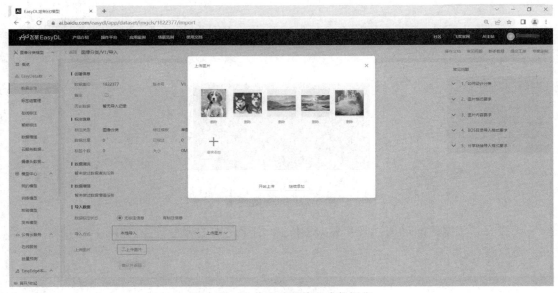

图 1-29　上传本地图片组成数据集

选择本地压缩包上传，只可选择 zip 或者 tar.gz 文件，导入任务一中平台下载的开源数据压缩包。如图 1-30 所示。

图 1-30　选择本地压缩包上传

最终完成所有图像上传，如图 1-31 所示。

图 1-31　创建数据集效果

第五步：进行数据清洗。点击数据集右侧"清洗"功能，即可开始对数据集内容进行清洗。如图 1-32 所示。

操作文档 常见问题 新手教程 提交工单 专家定制 提交工单
提示
即将前往EasyData完整操作台
您的已有数据及操作内容将同步展示
确定
取消
我的数据集
新增版本 全部版本 删除
数据集ID 数据量 最近导入状态 标注类型 标注模板 标注状态 清洗状态 操作
1822381 68 已完成 图像分类 单图单标签
查看与标注 多人标注 导入 清洗

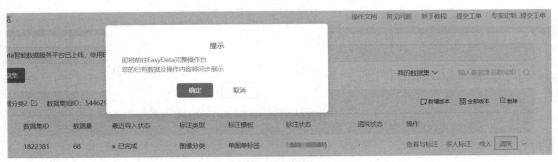

图 1-32 数据清洗

新建数据清洗任务，选择指定的数据集、清洗方式，选择去除近似图片和去除模糊图片，如图 1-33 所示。

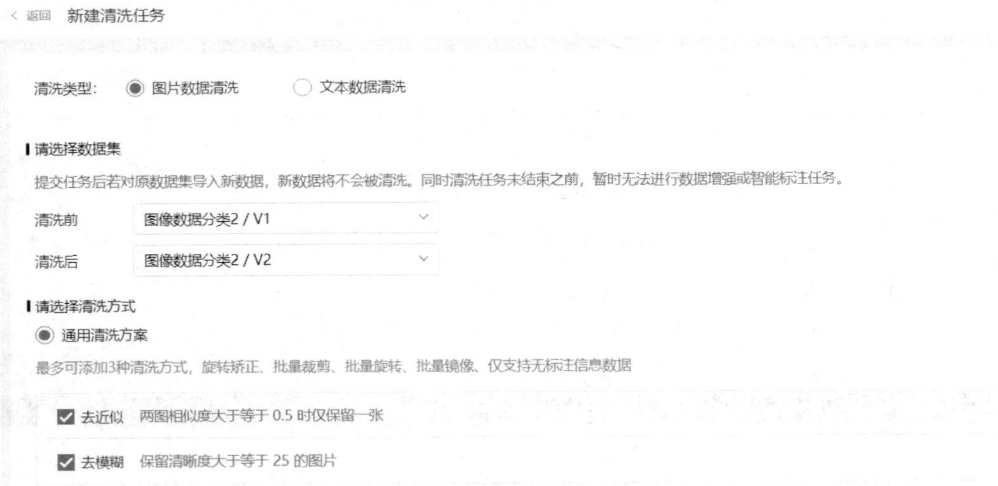

返回 新建清洗任务
清洗类型： 图片数据清洗 文本数据清洗
请选择数据集
提交任务后若对原数据集导入新数据，新数据将不会被清洗。同时清洗任务未结束之前，暂时无法进行数据增强或智能标注任务。
清洗前 图像数据分类2 / V1
清洗后 图像数据分类2 / V2
请选择清洗方式
通用清洗方案
最多可添加3种清洗方式，旋转矫正、批量裁剪、批量旋转、批量镜像、仅支持无标注信息数据
去近似 两图相似度大于等于 0.5 时仅保留一张
去模糊 保留清晰度大于等于 25 的图片

图 1-33 新建数据清洗任务

对于任何清除方式均有一个参考数值，可根据参考数值来选择清洗数据。去除近似图片默认参考数值为 0.5，可根据具体图例来查看效果。如图 1-34 所示。

去近似 两图相似度大于等于 0.5 时仅保留一张
两图相似度大于等于此值保留一张： 0.5
完全不相似 较不相似 比较相似 非常相似
0 0.24 0.5 0.75 1
相似度参考 （为您保留的图片标注信息将从关联相似图中随机选取）
原图
非常相似(0.77)
比较相似(0.55)
较不相似(0.28)
完全不相似(0.22)

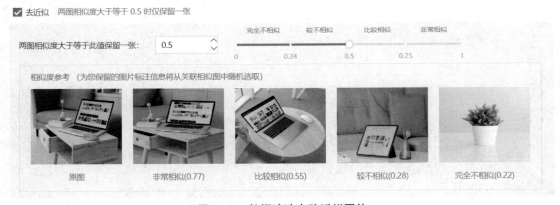

图 1-34 数据清洗去除近似图片

去除模糊图片默认值为 50,可根据图例来查看去除效果,如图 1-35 所示。勾选清洗方案之后,即可开始任务,任务时间会根据数据集的数量大小而变动。

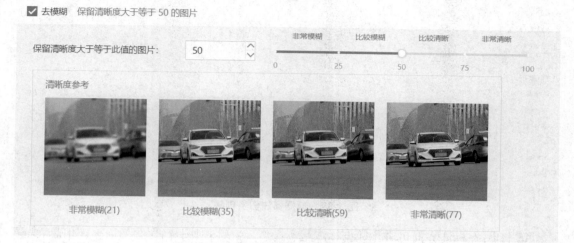

图 1-35 数据清洗去除模糊图片

清洗完成之后,可查看详情,得到清洗结果。清洗后的数据会保存到任务设置的"图像数据分类 2-V2"中,如图 1-36 所示。

图 1-36 数据清洗详情结果

第六步:进行在线数据标注。在控制台左侧菜单栏选择在线标注,选择数据清洗之后的"图像数据分类 2-V2",如图 1-37 所示。

图 1-37　数据标注任务创建

第七步：在标注界面可进行数据标注基本操作，包括切换图片、保存当前标注信息、现实标注结果、添加标注标签。全部标注完成之后，效果如图 1-38 所示。

图 1-38　数据标注界面

第八步：查看质检报告。数据标注完成后，可在"数据总结 - 图像数据分类 -V2"查看对应的质检报告，内容包括数据数量、标注占比、标注情况说明、色彩空间分布、图像大小分布、分辨率分布等信息。如图 1-39 所示。

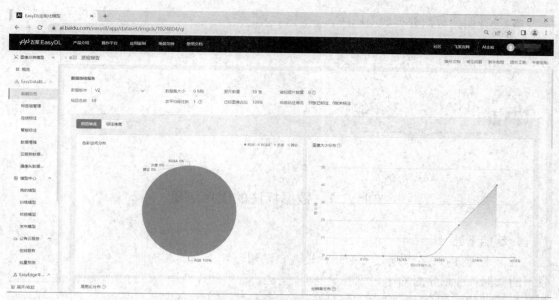

图 1-39　质检报告

任务三　腾讯云 TI-ONE 平台体验图像分类数据标注

进行数据标注之后可保存相关的标注文件,在最终进行数据质检和数据交付时,根据不同数据标注任务的应用场景,标注文件也是不同的,因此了解基本的标注文件构成和相关参数十分重要。在任务二中使用百度平台完成了简单的数据标注任务,相对地应用腾讯云 TI-ONE 平台可以完成同样的数据标注任务,体验不同平台数据标注的差异以及最终标注文件的形式。

体验整体数据标注的流程还需了解数据标注的应用场景,即在生活中有哪些应用需要用到数据标注服务,所要标注的数据之间又有什么不同,只有了解了这些内容,才能真正掌握数据标注的核心。某公司计划研发移动端图像识别 APP,用于推荐用户登录指定平台购买目标商品,因此需要对图像信息进行采集和标注。要求使用腾讯云 TI-ONE 训练平台,完成图像分类数据标注操作。在任务进行的过程中体验不同平台的标注流程,了解在不同应用场景下的标注内容,掌握数据标注完成后的文件格式。

● 通过腾讯云 TI-ONE 训练平台创建数据集

● 进行图像数据分类数据标注
● 查看标注结果文件

技能点 1　数据标注的应用场景

1. 智能驾驶

近年来,国内许多汽车公司都陆续投入自动驾驶和无人驾驶的研究之中。智能驾驶场景下的数据标注通常是对车内驾驶员的面部表情、行为动作及语言进行采集和标注,实现对驾驶员精神状态的全方位监测。包括车速、噪声环境、光线、车内和车外语音、图像、视频采集标注。无人驾驶场景的数据标注涉及图像与视频的语义分割、3D 点云标注、视频跟踪标注、车辆与行人标框标注、车道线标注等。如图 1-40 所示。

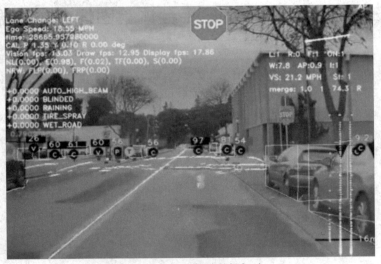

图 1-40　智能驾驶数据标注

2. 智能家居

智能家居运用中央控制系统,配合设备的联动以及语音识别功能,可识别家庭成员的不同角色,给出及时反馈并进行交互,助力打造全屋智能生活。数据标注方面的关注点在于人脸关键点、手势关键点、骨骼关键点、语音转写、唤醒词标注、方言标注、小语种标注、声纹识别标注、情绪判断和音律标注等,采集在生活环境下的种种信息,进行大量数据储备和训练,对于智能家居发展有着很深的影响。如图 1-41 所示。

图 1-41　智能家居数据标注

3. 智能安防

数据标注技术的出现为城市安防扩大了系统感知范围，能够精细准确地对车辆、行人、道路标识、车道线等进行标注，帮助安防系统在不同环境中更快速、更准确地追踪目标。在智能安防场景下，数据标注通过人体姿态标注、3D 骨骼数据标注、人体图像标注、周围环境语音标注等，帮助系统实现多元化场景下的行为识别检测、行人多重识别检测、音频行为检测，能够从传统人工安防的被动防御转变为主动预警。如图 1-42 所示。

4. 智慧交通

为更好地推广智慧交通平台，塑造城市化的智能交通，在交通中对行人、车辆、路况等数据信息进行标注处理，主要包括对驾驶环境中的行人、车辆、交通标志、道路、车道、障碍物等目标以及车辆的加速、刹车、转向等动作进行标注，用于自动驾驶技术中的目标识别、目标跟踪、路径规划和决策，实现对驾驶环境更加准确的理解。如图 1-43 所示。

图 1-42　智能安防数据标注

图 1-43　智慧交通数据标注

5. 智慧医疗

将人工智能和大数据分析技术应用于医疗行业，可以深入洞察医学知识和数据，帮助医生和患者解决在医学影像、新药研发、肿瘤与基因、健康管理等领域所面临的影像识别困难、药物研发成本巨大、癌症治疗效果不佳等难题。主要包括对解剖部位或病变部位对应的点线面以及轮廓进行标记，如 CT 断层成像数据，需要根据病理特点标注肺部边界轮廓。如图 1-44 所示。

6. 智慧零售

将人工智能和机器学习应用于新零售行业,可以通过商品销售数据以及用户的真实反馈促进销售,提高用户的个性化体验以及预测客户需求,并实现线上货物推荐的精准化。新零售行业中涉及的标注场景包括超市货架识别、无人超市系统和电子商务智能搜索与推荐等,可运用语音识别、文本转换语音、语义搜索、情感判断、人体识别等方法。无人售货商店数据标注可标注商品、顾客,如图 1-45 所示。

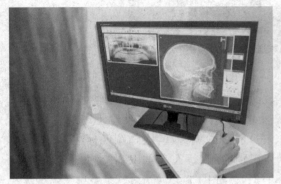

图 1-44　智慧医疗数据标注

图 1-45　智慧零售数据标注

技能点 2　数据标注的标注结果文件

常见的数据标注结果文件格式可分为 CSV、JSON 和 XML,根据不同的标注任务可能会选择不同的格式,具体选择时应根据实际需求和工具支持来确定。

● CSV(逗号分隔值)格式

CSV 是一种常见的、最简单的数据标注结果文件格式,它采用文本格式存储,每个标注结果之间用逗号分隔,不同样本之间用换行符分隔。例如:

```
image1.jpg,cat,0.8,200,100,300,400
image1.jpg,dog,0.6,400,200,500,350
image2.jpg,car,0.9,50,100,400,500
```

每行的数据分别代表:图像名、标注类别、置信度、标注框的左上角坐标、标注框的右下角坐标。具体文件说明如下所示。

① 第一条记录可以是字段名;

② 每条记录占据一行;

③ 以逗号为分隔符;

④ 逗号前后的空格会被忽略;

⑤ 字段中的双引号用两个双引号表示;

当标注字段中有特殊符号时,则需要进行额外处理,常见问题解决方式如下所示。

① 若字段中存在逗号,则该字段必须使用双引号括起;

② 若字段中包含换行符,则该字段必须使用双引号括起;

③ 若字段前后包含空格，则该字段必须用双引号括起；

④ 若字段中包含双引号，则该字段必须用双引号括起。

CSV 格式文件可以直接使用 Excel 打开，然后可以进行简单的处理分析。此外还可以使用 Python 来简单地读取、解析并处理 CSV 格式文件。使用 Python 读取 CSV 格式文件方式如下。

声明 import csv，导入 CSV 模块，打开 CSV 格式文件，赋值变量，调用 reader() 函数输出结果，再利用 for 循环和字典形式输出。相应语句如下所示：

```
import csv
file = open('data.csv','r')
# 使用列表方式获取
csvfile = csv.reader(file)
# 使用字典方式获取
#csvfile = csv.DictReader(file)
for item in csvfile:
    print(item)
```

● JSON（JavaScript 对象符号）格式

JSON 是一种轻量级的数据交换格式，它采用文本格式存储，具有易读性、易编写性和易解析性等特点。对于数据标注结果，通常采用一种类似于以下示例的格式：

```
[
    {
        "image": "image1.jpg",
        "annotations": [
            {
                "label": "cat",
                "score": 0.8,
                "bbox": [200, 100, 300, 400]
            },
            {
                "label": "dog",
                "score": 0.6,
                "bbox": [400, 200, 500, 350]
            }
        ]
    },
    {
        "image": "image2.jpg",
        "annotations": [
```

```
        {
            "label": "car",
            "score": 0.9,
            "bbox": [50, 100, 400, 500]
        }
    ]
  }
]
```

这里采用一个包含多个图片结果的列表,每个图片结果由一个图像名和一组标注数据组成。每个标注数据又由标注类别、置信度、标注框等信息组成。应用 Python 读取、解析和处理 JSON 文件的方法如下。

需要导入 JSON 模块,使用 open() 打开文件,使用 json.load() 进行数据解码,再进行数据输出。如下所示。

```
import json
file=open('data.json', 'r').read()
data = json.load(file)
for item in data:
label = item['label']
points = item['points']
```

● XML(可扩展标记语言)格式

XML 是一种常用的标记语言,由标签对组成,标签对可以有属性和嵌入子标签,可以嵌入数据,是一种树状结构。它可以描述各种数据类型,包括文本、数值、图像、音频等。对于数据标注结果,通常采用一种类似于以下示例的格式:

```xml
<?xml version="1.0" encoding="UTF-8"?>
<annotations>
    <image file="image1.jpg">
        <box label="cat" score="0.8" xtl="200" ytl="100" xbr="300" ybr="400"/>
        <box label="dog" score="0.6" xtl="400" ytl="200" xbr="500" ybr="350"/>
    </image>
    <image file="image2.jpg">
        <box label="car" score="0.9" xtl="50" ytl="100" xbr="400" ybr="500"/>
    </image>
</annotations>
```

这里采用一个根节点 annotations,它包含多个图片节点,每个图片节点包含一个图像名和一组标注数据。每个标注数据又由标注类别、置信度、标注框等信息组成。Python 读取、处理 XML 文件的方法如下所示。

读取 XML 文件的 Python 模块主要有 xml.dom.minidom 模块、ElementTree 模块、lxml

模块,其中,xml.dom.minidom 模块操作简单,但是不够灵活;ElementTree 模块性能较优,灵活性较高;lxml 模块则综合了两者的优点,但使用复杂度较高。

下面以 ElementTree 模块为例,介绍读取和处理 XML 文件的方法。将 XML 文件读入 Python 中,可以使用 ElementTree 模块中的 parse() 方法,其中,"tree"是从文件中读取的 xml 数据,"root"是 XML 的根节点。在获取了 XML 数据之后,可以使用 ElementTree 模块中的 find()、findall()、iter() 等方法进行遍历和搜索。代码如下:

```
import xml.etree.ElementTree as ET

tree = ET.parse("file.xml")
root = tree.getroot()
for child in root:
    #"child.tag"是节点名"child.attrib"是该节点的属性字典
    print(child.tag, child.attrib)
```

训练人工智能模型需要数据标注技术的支持,一些数据标注平台提供了数据标注服务,本次任务实施就借助腾讯云 TI-ONE 训练平台,完成图像分类数据标注操作,让用户体验数据标注过程。

第一步:访问腾讯云 TI-ONE 训练平台(https://cloud.tencent.com/product/tione)。如图 1-46 所示。

图 1-46　腾讯云 TI-ONE 训练平台

第二步：点击"立即使用"，需要进行服务授权，如图 1-47 所示。

图 1-47　服务授权

第三步：由于腾讯云数据集需要对象存储产品支持，访问对象存储控制台（https://console.cloud.tencent.com/cos），点击左侧"存储桶列表"。如图 1-48 所示。

图 1-48　对象存储控制台

第四步：创建存储桶，填写名称，所属地域填写广州，如图 1-49 所示。

图 1-49　创建存储桶

第五步：配置高级选项，可根据需求进行调整，修改完毕后点击"下一步"。如图 1-50 所示。

图 1-50　配置高级选项

第六步：确认配置，确认无误之后点击"创建"，则成功创建存储对象。如图 1-51 所示。

第七步：点击"创建文件夹"，即可在存储桶中创建文件夹，在该文件夹中可上传需标注的数据，例如图片、文本、视频、语音等。如图 1-52 所示。

第八步：上传文件，如图 1-53 所示，选择本地文件进行上传，完成数据标注的准备工作。

图 1-51 确认配置

图 1-52 创建文件夹

图 1-53 本地文件进行上传

第九步：访问数据集管理（https://console.cloud.tencent.com/tione/v2/dataset/list?tab=my&regionId=1），导入数据集，如图 1-54 所示，填写名称、类型、地域、数据来源和输出存储，数据来源选择之前步骤中创建的存储对象。

图 1-54　导入数据集

第十步：点击确定，完成数据集的导入，可点击右侧操作中的"标注"，如图 1-55 所示。

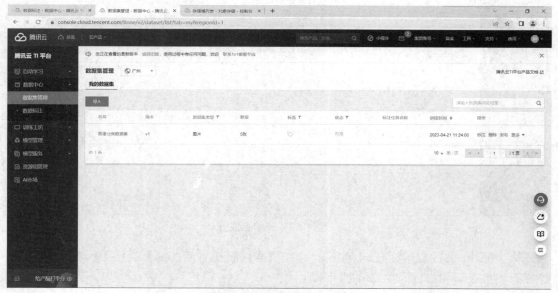

图 1-55　完成数据集的导入

第十一步：点击左侧的"数据标注"，创建标注任务，填写信息，并填写标准值，如图 1-56 所示。

图 1-56 创建标注任务

第十二步：在列表中可看到创建的标注任务，点击操作中的"标注"，如图 1-57 所示。

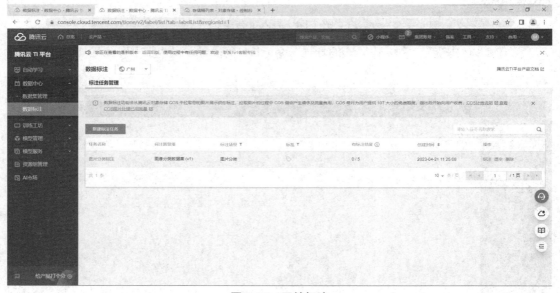

图 1-57 开始标注

第十三步：进行数据标注。点击图片，并根据判断在右侧选择分类结果标签，如果要添加标签也可在右侧进行添加，如图 1-58 所示。

图 1-58　数据标注界面

标注第一张图像效果如图 1-59 所示。

图 1-59　标注控制台

标注成功之后,效果如图 1-60 所示。

图 1-60　标注完成

第十四步：完成标注之后，可在右上角进行保存，并点击"提交"，效果如图1-61所示。

图 1-61　完成标注任务

第十五步：完成标注之后，效果可以根据"任务实施——第九步"导入数据集时填写的输出存储文件路径进行预览或下载操作，每一行信息代表一个图像信息标注，"path"表示图片名称，"file_id"和"dataset_id"是系统生成的信息，tags 表示标注信息，包含标注标签。如图 1-62 所示。

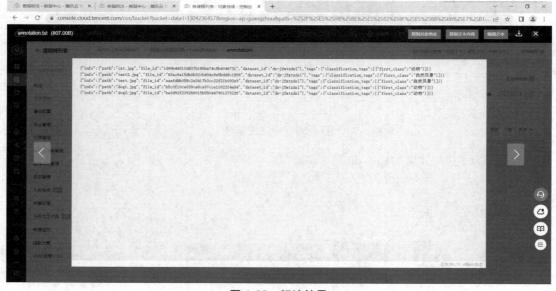

图 1-62　标注结果

分析腾讯云平台数据标注服务与百度云平台数据标注服务可知，两个平台都可以进行数据存储和数据标注，不同之处在于使用腾讯云平台进行数据标注之后可进行下载操作，用于数据分析和其他模型训练。

　　在本项目中,读者通过学习数据标注的基本概念,对数据集的获取途径、数据标注的流程、常见的数据标注结果文件有所了解,对如何应用百度 EasyDL 平台和腾讯云 TI-ONE 平台完成数据标注任务有所了解并掌握,并通过所学知识,能够使用数据标注平台完成数据集上传和标注任务,体验数据标注流程。

chat	聊天
label	标记
SQL	数据库语言
score	分数
request	请求
tag	标签
print	打印
root	根
annotations	注解
box	盒

一、选择题

1. 人工智能发展有三要素,分别是(　　　)。

A. 计算力、模型和数据　　　　　　　　B. 计算力、模型和统计

C. 计算力、统计和数据　　　　　　　　D. 统计、模型和数据

2. 在进行数据采集的过程中,主要需考虑的是(　　　)。

A. 采集数据规模大小　　　　　　　　　B. 计算数据成本以及数据采集的多面性

C. 数据隐私性　　　　　　　　　　　　D. 以上都是

3. 在进行数据清洗时遇到无效和缺失情况常见的处理手段是(　　　)。

A. 凭借经验删除不符合要求的数据

B. 估算、整例删除、变量删除和成对删除

C. 预先标记,再根据数据集数量删除某些数据

D. 保留数据不删除,寻找相似数据存储使用

4. 下面不属于数据标注结果文件格式的是(　　)。

A. CSV　　　　　　　　　　　　B. JSON

C. PY　　　　　　　　　　　　D. XML

5. 关于数据标注结果文件格式 XML 的说法错误的是(　　)。

A. 是一种常用的标记语言,由标签对组成

B. 标签对可以有属性和嵌入子标签

C. 是一种并列结构

D. 包括文本、数值、图像、音频等

二、填空题

1. 数据采集与获取是整个数据标注流程的 _____。

2. 对于数据存在 _____ 的情况会进行筛选去重,防止大量相似数据对整体质量的影响。

3. 数据标注分析需求时明确数据标注需求过程中所需要的数据类型、数量、用途目的以及 _____。

4. CSV 是一种常见的、最简单的数据标注结果文件格式,它采用 _____ 存储,每个标注结果之间用逗号分隔,不同样本之间用换行符分隔。

5. _____ 是一种轻量级的数据交换格式,它采用文本格式存储,具有易读性、易编写性和易解析性等特点。

三、简答题

数据标注中数据采集的几种方式是什么?

项目二　语音数据标注

语音标注作为数据标注的一个重要组成部分,在现今人工智能飞速发展的今天,也被视为十分重要的一环。对于语音数据进行标注首先要了解语音信号的组成、标注类别的区分,并且掌握基本数据集的获取方式和公共数据集平台的使用,同时掌握语音标注工具的使用。本项目主要对语音标注概念进行介绍,获取公共开源数据集,使读者通过学习 Transcriber 和 Praat 语音标注软件工具的标注任务来加深对于语音数据标注的理解。

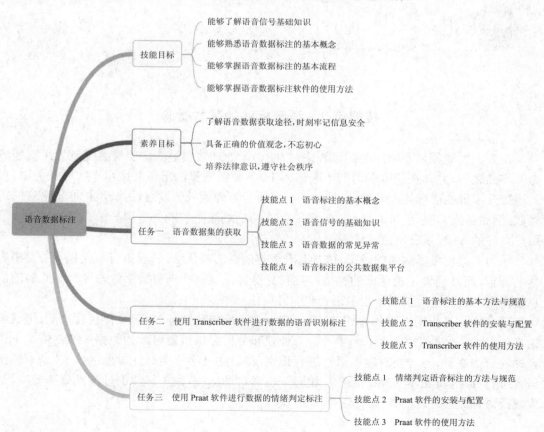

任务一　语音数据集的获取

语音是人们沟通最基本的方式,在人工智能领域,语音交流也被视为人类与机器沟通的桥梁,语音中包含的信息有很多,如说话人的目的、情绪、意愿等。某公司计划采集智能家居语音数据集,可提供公共开源语音数据作为数据集。在任务实现过程中,读者可以对语音标注的基本概念、语音信号的基础知识进行了解。

● 通过 Mozilla Common Voice 公共平台获取语音数据集
● 通过 OpenSLR 平台获取语音数据集

技能点 1　语音标注的基本概念

在人工智能领域不断发展的过程中,智能语音处理装置是人们能够感受到人工智能魅力的产品之一,尤其在深度学习的不断渗入下,各种新型算法出现并应用在实际业务中,极大地提升了智能语音处理的效果,推动了智能语音处理领域的发展,进一步扩展了语音应用领域,例如智能客服、手机助理、智能音箱等,在特定场景下智能语音引导模式能够成功给予用户良好的体验,其表现超过预期。

作为人类与机器沟通的桥梁,语音有着天然的魅力与优势:一段语音不仅包含了希望表达的诉求,而且包含了说话人的性格、习惯、身份特征、职业、当前情感状态等。如此多的信息使得人工智能行业扩展了很多语音研究方向。

语音标注是指用人工的方式,对语音信号进行标记和注释,从而获得包含词汇、语法和语义信息的语音数据集,为下一步的语音处理和分析提供机器可读的数据。通常情况下语音标注分为 2 种,一种是对输入语音进行识别,将口述文字作为标注对象;另一种是对输出语音进行标注,将文本转换为语音。相对于机器自动标注,人工标注的标注准确率较高,是大规模语音数据处理的首选方式。

技能点 2　语音信号的基础知识

1. 语音信号

要想成功进行语音标注,需要了解一些语音信号的基础知识,在一些标注任务中会应用语音信号的基础知识完成需求任务。语音信号是人与人之间最自然、最高效的交流方式。虽然人们早已习惯语言交流,但是直观感受不同,作为信息的重要载体,语音信号具有非常高的复杂性,具体表现在声音和语言两方面。声音是承载语言的外在形式,语言是反映人的思维活动、具有一定社会意义的信息。

声波通过空气传播,被麦克风接收,再被转换成模拟的语音信号,这些信号经过采样,变成离散的时间信号,再进一步经过量化,被保存为数字信号,即波形文件。对应有音色、音调、音强、音长等语音信号的属性说明,如下。

(1)音色。指能够区分两种不同声音的基本特征,比如人说话的声音和小提琴的声音。在语音信号处理技术中,音色是人声识别研究中重要的研究对象。

(2)音调。指的是声音的高低,由声波的频率决定。

(3)音强。指声音的强弱,由声波的振动幅度决定。

(4)音长。指声音的长短,由发声时间的长短决定。

2. 数字化语音信号

语音信号处理是通过分析语音信号的声音特征,进而解析出语音语言的技术。其中第一步就是将语音信号数字化。主要包括以下几个参数。

(1)采样率。采样率是在连续的语音模拟信号上,每秒采样的次数,单位是 Hz。采样率影响着离散信号的保真度,采样率越高,保真度越高,但占用的资源也就越多。主流的采样率有 8 kHz、16 kHz、22.05 kHz、44.1 kHz 等。

(2)量化位数。量化位数是指将采样得到的语音信号幅度值转化为一定范围内的数值。

(3)声音通道数。声音通道数是指录制声音时扬声器的数量。常见的有单声道、双声道、立体声、四声环绕等。

(4)语音编码格式。按照一定格式压缩采样和量化后的数值,降低音频数据大小,便于存储和传输。

3. 可视化语音信号

在进行语音信号处理时,可视化表示语音信号的方式主要有时域和频域两种维度,其中最简单、最直观的方式是时域维度的波形图,如图 2-1 所示。图中横轴表示时间,纵轴表示语音信号的幅度,能够从时域图中感受到语音能量的分布以及语音随时间变化的过程。

而最能体现语音信号丰富特性的则是频域维度的语谱图,如图 2-2 所示。语谱图的横坐标表示时间、纵坐标表示频率,每一个像素点都表示此时此刻某个频率所具有的能力大小,灰度值越大,表示能力越大。

图 2-1　时域图

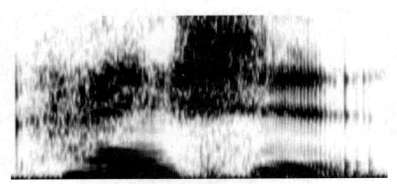

图 2-2　语谱图

技能点 3　语音数据的常见异常

在语音数据标注的过程中,语音数据的有效性判定是至关重要的一步。有些是因为录制设备发生故障或者是录制人的操作不规范,从而使得录制语音过程中出现异常现象。在数据标注的过程中,需要对这些异常语音数据加以鉴别并将其挑选出来,从而保障标注数据的整洁性。常见的语音数据异常现象包括丢帧、切音、吞音、混响、空旷音、重音、喷麦等。

(1)丢帧。在语音录制过程中,由于音频设备的问题而表现出的发音卡顿,例如,语音段中某 0.1 秒内突然没有声音,0.1 秒过后语音又恢复正常,此现象即为"丢帧"。它常出现于整句话的句中。在做有效语音判定时该句话即被判定为无效语音。如果对此类问题语音数据进行标注,会导致标注人员听不清具体内容,造成错误标注。

(2)切音。是指语音数据中的个别字被截断,从而表现出发音不完整,此现象称为"切音"。它常出现于整句话的句首或句尾,在做有效语音判定时该句话即被判定为无效语音。如图 2-3 所示,播放一段声音之后突然被截断,且后续声音很小,即为切音异常。

图 2-3　切音异常

（3）吞音。在说话人发音时，由于个别字的声母或韵母未完全发音而表现出的发音不完整，此现象称为"吞音"。它常出现于整句话的句中，出现吞音现象会导致标注内容不清楚，因此会判定为无效语音，在语音信号中显示为播放一段声音后终止，而后又出现且不是噪声的情况，例如"今天我们到公园游玩"，吞音后的声音并不完整，变为"今天我们到公园游～玩"，"玩"发音不完整。吞音异常如图2-4所示。

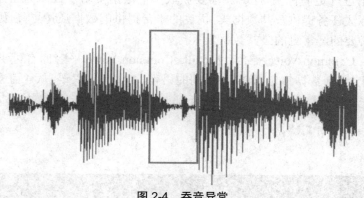

图2-4 吞音异常

（4）混响。混响是一种常见的声学场景。与回声不同，回声是声波在传播过程中，碰到大的反射面（如建筑物的墙壁、大山里面等）在界面发生的反射现象，而混响是音源发出的原始语音（也称干声）经多次反射、折射后叠加而成的混合声音。在实际生活中，任何环境都会产生混响。在音乐厅或练歌房内，房间构造产生的混响效果会让音乐和歌声听起来更悦耳。而对语音识别、语音合成等语音研究来说，语音的清晰度则更为重要，因此，在做有效语音判定时，含有明显混响的语音段被判定为无效语音。

（5）空旷音。在进行语音合成等研究时，往往对语音数据质量要求极高，特别是语音的声学场景。空间决定了声学场景，声学场景由需要识别的声音和不需要识别的声音组成。在实际生活中，经常会出现非常复杂的声学场景，由于周围环境较为空旷而表现出来的发音中带有回音，此现象称为"空旷音"。空旷音多发生在大会议室或空中的房间里，回声会比较严重。它常出现于整句话的句中，此时，在做有效语音判定时该句话会被判定为无效语音。

（6）重音。在说话人发音时，语音中出现两个或多个说话人，他们的音量大小相近且有大段重叠，无法分清主次，此现象称为"重音"。它常出现于整句话的句中，若出现这种情况则需将该句子划定为无效语音。

（7）喷麦。在说话人发音时，由于距离麦克风太近而表现出的录入语音不清晰，听起来有明显"噗噗"的声音，此现象称为"喷麦"。喷麦声会产生非常强大的低频能量，从而损坏人声质量并影响声音的整体效果。它常出现于整句话中含有爆破音的位置，比如含有"p""b"辅音的词。在做有效语音判定时该句话会被判定为无效语音。

技能点 4　语音标注的公共数据集平台

语音数据集需要的数据是多方面的,每个人在说一段话时含义并不会相同,所处环境和心理状态也会影响语音的含义,在进行数据标注之前都需要进行数据收集和处理,部分标注任务会提供数据进行定向标注,此时就需要获取一些数据集用于数据标注任务。公共数据集平台可以为标注任务提供公共数据集,优良的平台提供的数据质量更高,因此选择一个好的平台是十分必要的。常见的公共数据集平台如下。

（1）Mozilla Common Voice 平台。Mozilla Common Voice 平台拥有可供使用的最大的人类语音数据集,当前数据集包括 29 种不同的语言,其中包括汉语,从 4 万多名贡献者那里收集了近 2 454 小时（其中 1 965 小时已验证）的录音语音数据。下载页面如图 2-5 所示。

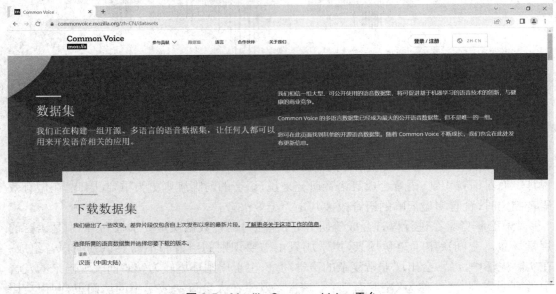

图 2-5　Mozilla Common Voice 平台

（2）OpenSLR 平台。OpenSLR 平台提供了开源数据集,可获取各类用于人工智能训练的数据。其语料库时长达 200 小时,使用移动通信设备进行记录。邀请来自中国不同重点区域的 600 名演讲者参加录音,录音是在安静的室内环境中进行的,其中包含不影响语音识别的背景噪声。参与者的性别和年龄分布均匀。可用于进行语音标注语义识别、语种识别等。如图 2-6 所示。

（3）中文语言资源联盟。中文语言资源联盟为中文信息处理等基础研究和应用开发提供支持,促进技术的不断进步,如图 2-7 所示。

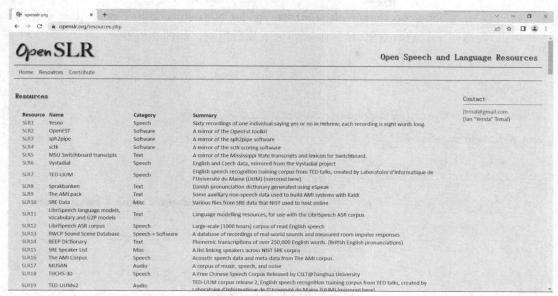

图 2-6 OpenSLR 平台

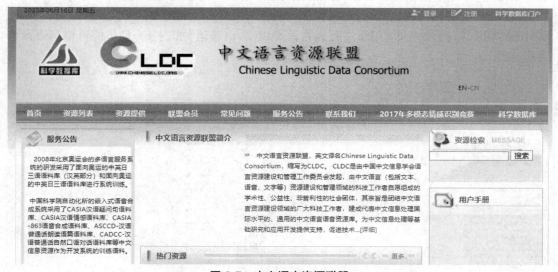

图 2-7 中文语言资源联盟

在实施数据标注任务前需要确认任务要求,并提供数据集。本次任务将获取语音标注所需数据集,了解如何通过公共平台获取数据标注所需数据集以及具体数据集的形式。

第一步：访问 https://commonvoice.mozilla.org/zh-CN/datasets 公共平台获取语音数据。选择语言，勾选要下载的数据集，填写邮箱即可下载数据集。如图 2-8 所示。

图 2-8　公共平台下载数据集

第二步：下载"Common Voice Delta Segment 13.0"，得到 cv-corpus-13.0-delta-2023-03-09-zh-CN.tar 压缩包，该语音数据集包含了一组独立录制的文本语音，内容涵盖不同年龄、性别、口音等说话人的数据，可用于进行语音语义识别、语音语种识别等，解压即可得到语音数据集，如图 2-9 所示。

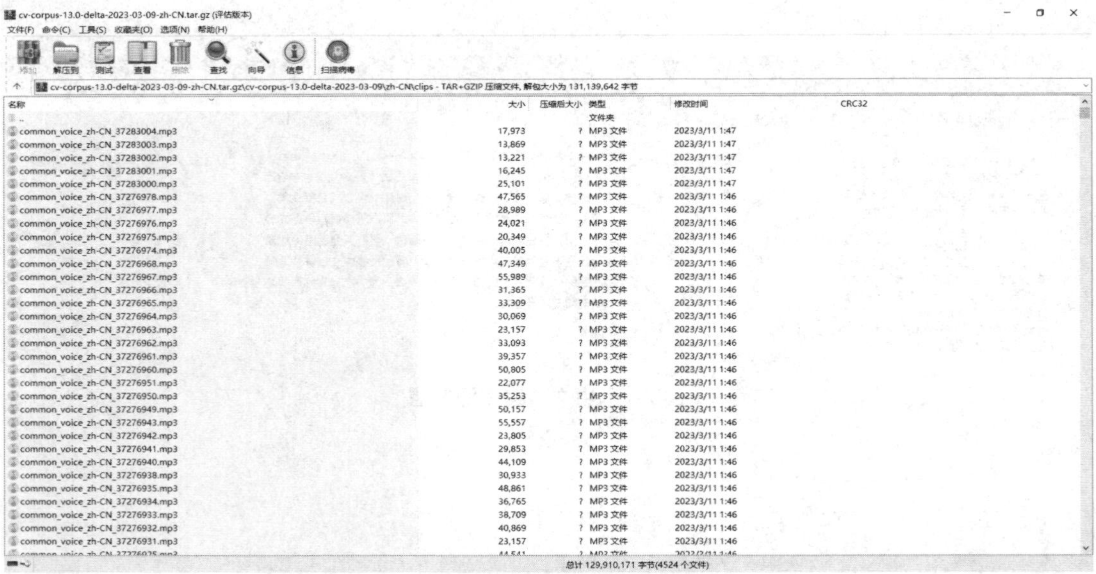

图 2-9　数据集下载效果

第三步：访问 http://www.chineseldc.org 查询情感语料库，用于情感识别语音标注任务。如图 2-10 所示，访问资源列表。

图 2-10 资源列表

点击"CASIA 汉语情感语料库"之后，可点击"样例下载"，获取部分语音数据信息，如图 2-11 所示。

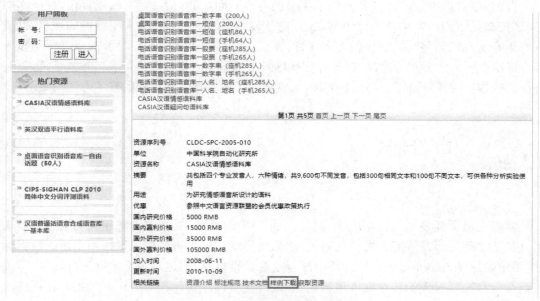

图 2-11 获取汉语情感语料库

下载解压即可得到语音数据集，如图 2-12 所示。

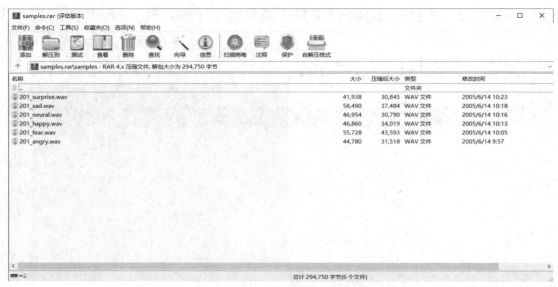

图 2-12　CASIA 汉语情感语料库样例

任务二　使用 Transcriber 软件进行数据的语音识别标注

　　目前,语音识别技术已经普及到了生活的方方面面。如语音助手、智能音箱、智能客服等,这些都是我们日常生活中比较常见的,也是最典型的例子。随着人工智能的逐步发展,人机语音交互场景将会向更多的方向延伸,在辨认精度、场景优化等层面,对语音辨别技术等也提出了更高的要求。因此,在各种交互场景下都需要大量数据进行人工智能训练,语音方面的数据标注任务也需要高质量完成,这就需要了解掌握语音标注的基本方法与规范。

　　随着人机交互技术的日益成熟,需要大量语音识别标注数据来训练相关的人工智能应用。某公司计划研发智能人机交互系统,需采集男女成年人语音信息数据用于语音数据标注,要求使用 Transcriber 语音标注软件进行语音识别标注,通过对语音数据进行标注,可以将语音信号与其对应的转录文本进行关联,最终交付标注文件和对应语音数据。在任务实现过程中,读者可以对语音标注的基本流程、Transcriber 软件标注方法进行了解。

　　● Transcriber 软件导入文件

　　● Transcriber 语音标注

技能点 1　语音标注的基本方法与规范

　　语音标注最为核心的过程就是标注人员听取语音信息,对语音内容进行文字转写,在这个过程中会对一些杂音、噪声、背景音、说话人信息等进行标注,根据不同的标注需求,对语音数据进行标注的程度也会不同,以下介绍一些常见的标注方法。

1. 标注说话人信息

　　一个时间段内有两个说话人同时说话的情况,标记语音交叠选项,并且同时标注两个人说话的文本内容。

　　对于说话人信息采用以下标注原则。

● 可标注类别:男、女,若区分不清标记为未知。

● 口音。标准普通话的说话人标记为无口音,否则标记为有口音,只要有个别词的发音属于方言式发音,即标记为有口音。

● 对于同一个音频文件中,两个说话人切换段落的情况,如果说话人是相同的,不应增加新的说话人,仍使用同一个说话人信息。

　　在标记时也可根据任务需求标注其他一些信息,例如说话方式、保真度和信道。

　　说话方式。对于正常发声、自然口语的说话方式可标注为自发式(spontaneous),这种方式会频繁出现口语,例如"嗯""呃"等词汇;另一种是较为专业的播音人员讲话,句式严谨且连贯,没有口语词汇,可标注为朗读式(planned)。

　　保真度。使用信噪比来记录语音,信噪比是指接收有用信号的强度与接收到的干扰信号的强度(噪声和干扰)的比值。信噪比小于 10 db 设定为"低 (low)",信噪比在 10 db 到 20 db 之间设定为"中 (medium)",信噪比大于 20 db 设定为"高 (high)"。通常来说,"高"和"中"之间的区别尺度可以略为放松,十分纯净的标记为"高",较差些的标记为"中",而"低"通常要对应发音变形较大,受持续性嘈杂信道噪声影响,或回响比较严重的情况。

　　信道。信道是指信号传输的媒介,在 16K 采样的条件下通常要标记为宽带 (studio),而可能出现的电话采访等语音情况才标记为窄带 (telephone),有其他情况出现,请参照具体标注规则进行标注。

2. 标注隔断点位置

　　用光标在信号波形图上选择下一个需要标记的时间点,回车(Enter)产生新的隔断点。如图 2-13 所示,出现不同的隔断点,再使用光标点击不同隔断区间时,所处的语音段落会出现高亮,用于标注语音信息。

图 2-13　隔断点

对于隔断点可参照以下情况和标注任务进行添加。

● 在较明显的停顿处，句子或短语的结尾处加隔断点，可以缩短持续语音段的长度，方便文本的标注和声学模型的训练。

● 句子的结尾有较明显的停顿（一至两个字的长度），可添加隔断点。如果是只有两三个字的句子（比如"他说，"），可酌情考虑，通常其后的句子也较短时，不加隔断点。

● 在一个比较长的句子中间，通常说话人也会在某些地方作出停顿（可能是顿号处，也可能是一个短语之后），如果此停顿较明显，加隔断点。

● 由相邻隔断点隔出的时间段的长度通常不超过 8 秒，长的时间段一般出现在语音太快太密的情况下，遇到这种情况时，尽可能找到语音段中间停顿时间最长的地方（不短于 0.1 秒）插入隔断点。

● 对于出现的即时噪声——语音段之间的咳嗽声、笑声、呼吸声，或一小段纯背景噪声等事件，例如街道车辆经过的声音、风声等，可使用两个隔断点将其首尾标出，确定其具体位置。如果其与语音段连接过于紧密，不作为单独时间段标出，而仅在其出现的文字位置处作出正确的标记。

● 对于长度大于 0.5 秒的空白区（可适当放宽标准，但不要超过 1 秒），要用两个隔断点将其首尾标出，作为独立的时间段，避免一段语音前后有太多的空白区；相反，如果纯静音的长度不足 0.5 秒，通常均分给相邻的前后语音段，如果相邻的一边是咳嗽声、笑声、呼吸声等事件的独立时间段，则偏重于分给语音段（尽量使事件的段落仅包含此事件）。

● 在音频文件的结尾部分，如果语音结束后还有较长的空白区，一定要用隔断点将语音与空白区隔开。

注意：隔断点不要出现在声音的中间，也不要出现在咳嗽声、笑声、呼吸声等噪声时间段的中间（尽量使得隔断点在其两端，保证咳嗽、笑、呼吸等声音的完整性和单纯性）

3. 标注背景信息

主要说话人说话同时，背景可能会有现场声音等持续性、一贯性的场景噪声，这种情况下标记为背景信息。例如：新闻播报时，背景图像是当前新闻内容所发生的现场，当此现场原声具有持续性和一贯性（如领导人在会议上的讲话现场、领导人的慰问现场等），而且比较明显时，将与此相关的时间段用背景信息作出标记；新闻记者进行现场采访，现场的噪声具有持续性和一贯性（集贸市场的背景噪声、施工工地的背景噪声等），而且比较明显，将与此相关的时间段用背景信息作出标记。当符合上面例子中提到的背景噪声现象，但此噪声比较轻微,对主要说话人的语音影响不明显,则不作背景信息的标记,而是考虑在说话人转换标记中使用较低的保真度。

背景信息的起始点应该与隔断点的位置一致,即一种背景信息的开始点同时也是一个时间段落的开始。使用前面流程中提到的方法即可实现,即在标注区内或分隔信息区内,选择一个时间段,信号波形图上的光标自动位于此时间段开始的时间点,插入背景标注,并编辑背景的属性。

注意,在一个时间点标记好背景标记后,该背景信息的作用范围是从当前时间点一直到下一个背景标记的位置时间点;若其后不再有背景标记时,则其作用范围持续到音频文件的末尾。由于此标记软件不支持背景信息的起始点位于整个音频信号的开头的情况,如果一个音频文件从开头就需要标记背景信息,要把背景信息的标记时间点稍微向后移一些,具体操作可以是在音频信号的开头切出一个很小的时间片段,从该片段后再标记背景信息。

4. 标注文本的特殊标记处理

1)分词

将整个中文句子按词划分,中间用空格间隔。

2)突发噪声

● 说话人发出的突发噪声

一般由说话人发出的常见的噪声,如呼吸声、咳嗽声、笑声、打喷嚏声和其他由嘴唇发出的声音,可进行噪声标注。

● 背景发出的突发噪声

此处专指由非说话人(背景)发出的具有突发性的噪声。如果噪声持续时间很长,可以将其跨隔断点标志甚至说话人切换标志进行标记。如果音频文件中出现持续的、压倒性的干扰噪声、信道噪声或背景噪声,请考虑将其作为背景信息进行标记。

3)标注未读完的音

前一个字的音没有发完,就开始新的发音,则用'-'来标记在前一个字的结尾。

4)标注难以理解的段落

有时音频文件的某一部分很难或不能理解其对应的文本,例如由于声音不清晰或者方言发音造成的难以理解的语音,这种情况使用"(( ))"来标记理解有困难的段落。

如果可以猜测其内容,那么猜测的文本放在"(( ))"内,即"((text))";如果完全不理解其意思,直接用中间是空格的"(( ))"来标记,此时,要把其对应的始末时间点都用隔断点标记出来,使其成为单独的一个时间段。

如果标注人员反复听取一段语音内容,仍听不懂或不确定其内容,使用此标记。

5)标注外语发音

如果句子中有另外一种语言的发音出现,根据需求可进行明确的外语标注,例如英语、法语等;如果该语言类型不明,可标记为"?"或者"未知"。这时也要把其对应的始末时间点都用隔断点标记出来,使其成为单独的一个时间段。

6)标注作为单词发音的缩写词

对于英语等字母文字,标注内容中遇到缩写词的情况,如果其发音是按照一个单词来发音的,采用"@"符号来标记此缩写词,例如"@APPLE",注意字母间不留空格。

7）独立的字母发音

对于英语等字母文字，标注内容中遇到单个字母的发音时，用"~"标记每一个字母，并用空格与其他字隔开，例如："~A ~P ~P ~L ~E"。也可以在整个单词前标记一个 ~，例如"~APPLE"。

8）标注填充词

填充词是指示说话者说话中的犹豫，或者说话者在思考下面该说什么时，用来保持发音连贯所使用的词，例如"呃""唔""呵"等，这些词通过在前面加"%"来作出标记，只在口语式发音中进行此项标记。填充词的发音不一定与其使用的文字完全对应。

注意将其与句子中的感叹词相区分。感叹词有确定的情感表达等语义，而填充词没有意义，忽略填充词不影响其要表达的意义。

9）标注专有名词

所有的专有名词，包括人名、地名等，可通过在名词前加"^"来标记。

● 人名。所有的人名（中国、外国）都要用"^"来标记，通常姓和名要分开。

● 中国的地名。省和省会一级以上的地名不标记。其他所有的地名都用"^"标记（通常都是不熟悉的并且在词典中查不到）。

● 外国的地名。不标记大洲、区域（例如南亚）、国家、首都和主要城市的名字；不标记美国的州和大城市的名字（像费城）；只标记小的地方的名字；如果不熟悉或不确定，需进行标记。

注意：

● 对于噪声（说话人噪声、背景噪声）和外语发音的标记，必须使用程序命令的操作，而其他的文本特殊标记均使用手工标记。

● 对于手工标记的符号，除标点符号的标记外，均用英文字符标记，即"-""（""）""^""%""?""~""@"等。

对于标注过程中的注意事项和一些特殊情况，使用表格进行了总结，在实际标注过程中遇到时可参考或依据标注规则进行标注，见表2-1。

表 2-1　特殊情况标注方法

类别	条件	标记	例子	说明
正字法和拼写	数字符号	转化为汉字	五千二百五十六，两千零四，二零零四，百分之十九	完全按照数字符号的读音写出对应的汉字
	作为单词发音的缩写词	@	@ADIS	表示此缩写词作为一个单词来发音，字母间不留空格，词前加"@"
	独立的字母发音	~	His name is spelled ~S ~I ~M ~P ~S ~O ~N.	其发音为单个字母的发音，每个字母前面标记"~"，且用空格隔开
	标点符号	逗号、句号和问号	，。？	只是用这 3 种标点符号进行标注

类别	条件	标记	例子	说明
噪声环境	说话人噪声	[{}]	[{breath}] [{cough}] [{laugh}] [{sneeze}] [{lipsmack}]	说话人制造的噪声,有5种类型,可依据具体环境增加
	非说话人噪声	[[noise]] 或 [[noise]-] [-[noise]]	[[noise]-] 什么声音 [-[noise]]	[[noise]] 代表即时的噪声; [[noise]-] text[-[noise]] 表示持续的噪声
不流利的发音	未读完的音	-	你 - 我来吧	前一个字的音没有发完。
	发音出错的字（未正式纳入规范）	+	+ 政府	由于音频剪辑造成的发音丢失,或说话人失误等其他原因造成的发错音的情况,发错音的字前加"+"
	填充词	%	% 呃,% 唔,% 呵	中文仅限此 3 种标记
其他记号	半理解的段落	((text))	((继而)) 百分之十九	对难以听清的段落做尽可能的尝试
	不可理解的段落	(( ))	((　　))	标记完全听不懂的段落,中间是空格
	外语	<language= lng>text</language>	占 <language=English>~G~D~P</language> 的	标记外语词汇,语言未知时标记为 <language=?>
	专有名词	^	^毛泽东, ^鹫峰 森林 公园	标记在专有名词前,地名全称中的普通名词不作标记

拓展知识:坚定理想,遵守规则

　　任何事务要在一定的规则模式中进行,进行数据标注时要遵守规则,严格按照任务流程进行,这样不仅效率高,而且在遇到突发情况时可按照规则依序处理,一套完整的规则流程能够极大提高任务完成的质量和效率。同样,在生活中也要遵循规则,遵守社会秩序。同学们做人做事需要遵守规则,遵守国家的法律法规和学校各项规章制度,做一个守法的好公民,只有每一个人都严格做到遵纪守法,学校、社会和国家才能够正常运行。

技能点 2　Transcriber 软件的安装与配置

　　Transcriber 是一款开源的语音标注软件,使用该软件可完成语音数据导入、标注与导出。可访问 https://sourceforge.net/projects/trans/files/latest/download 下载软件,如图 2-14 所示。

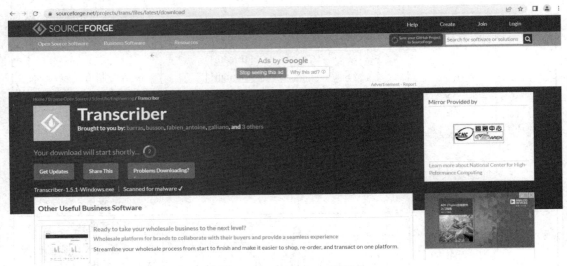

图 2-14　Transcriber 软件

下载完成后,点击可执行文件开始安装,如图 2-15 所示。

图 2-15　Transcriber 安装向导

点击"I accept the agreement(同意协议)——Next"进入下一步,如图 2-16 所示。

选择安装路径,可自定义选择安装路径,如图 2-17 所示。

安装完成后,访问安装路径可查看 Transcriber 软件的目录文件,如图 2-18 所示。点击 transwin.exe 打开标注软件,导入文件后可执行标注任务。

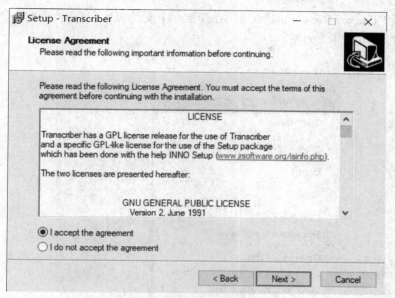

图 2-16 Transcriber 安装协议

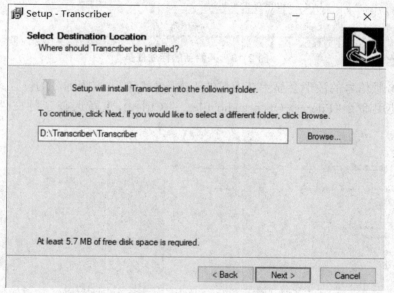

图 2-17 Transcriber 安装路径

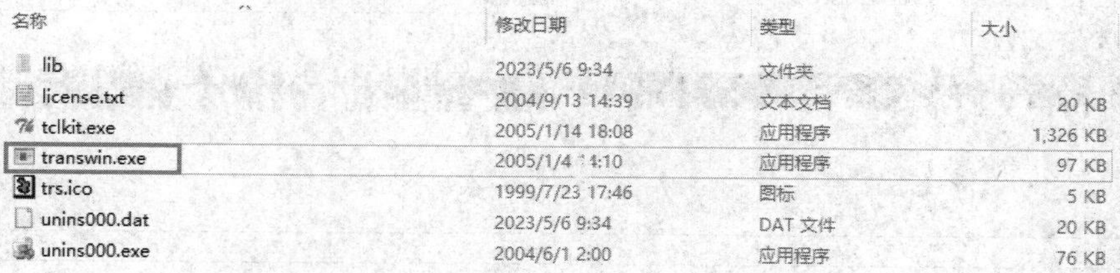

名称	修改日期	类型	大小
lib	2023/5/6 9:34	文件夹	
license.txt	2004/9/13 14:39	文本文档	20 KB
tclkit.exe	2005/1/14 18:08	应用程序	1,326 KB
transwin.exe	2005/1/4 14:10	应用程序	97 KB
trs.ico	1999/7/23 17:46	图标	5 KB
unins000.dat	2023/5/6 9:34	DAT 文件	20 KB
unins000.exe	2004/6/1 2:00	应用程序	76 KB

图 2-18 Transcriber 软件目录

使用命令"File——New trans"(Ctrl+n) 开始一个新的标注,该命令同时会再要求使用者打开要标注的音频文件。如图 2-19 所示。

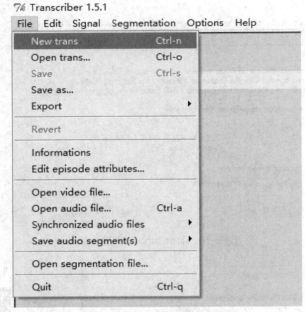

图 2-19　开始新的标注任务

打开的音频信号的波形会显示在窗口的下方。窗口的上方为标注的位置。如果要更换音频文件,使用命令"File——Open audio file... "(Ctrl+a),重新选择音频文件。如图 2-20 所示。

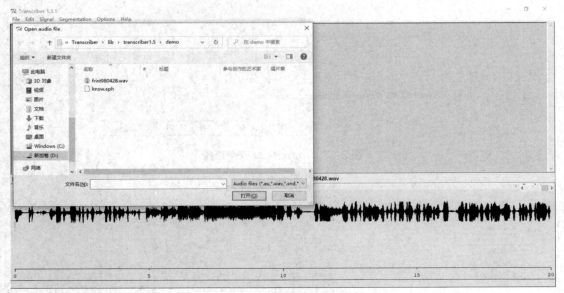

图 2-20　更换音频文件

如果此音频文件有对应的同步脚本，在 Transcriber 软件外部，使用其他文本编辑器打开此脚本，方便标注过程。

在当前版本（1.5.1），需在软件导入文件后修改编码和语言，方可使用中文标注，否则会出现乱码。点击"Options——General..."，打开设置。如图 2-21 所示。

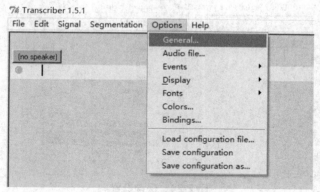

图 2-21　软件设置

在选项中选择"Encoding"编码，如图 2-22 所示，"Language"语言设置如图 2-23 所示。

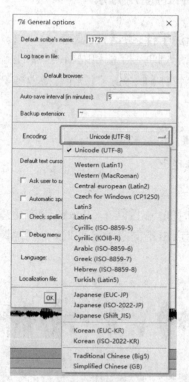

图 2-22　编码设置

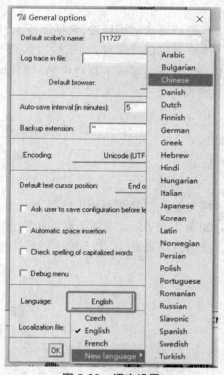

图 2-23　语言设置

设置完成后，需要点击"Options——Save configuration"保存修改设置。依据不同的任务环境和需求标注信息以及标注标签都会不同，因此可以将设置单独存储，以便在施行不同的任务时直接读取相关配置信息即可,另存配置信息可点击"Save configuration as...",读取可点击"Load configuration file..."。后续知识点中涉及修改配置文件的操作都需要进行保存,否则下次打开软件还需要重新设置。如图 2-24 所示。

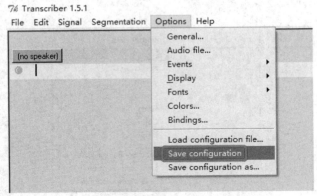

图 2-24　保存设置

技能点 3　Transcriber 软件的使用方法

1. 进行语音数据标注,包括隔断点、片段信息、标注事件、说话人、噪声

播放音频信号文件,标记片段信息 (section)、说话人切换信息和隔断点,标注音频内容文本。通过点击播放工具栏中的"播放▶(Tab)"和"暂停▋▋(Tab)"按钮来播放或暂停。如图 2-25 所示。

图 2-25　播放工具栏

1)隔断点

用光标在信号波形图上选择下一个需要标记的时间点,按回车(Enter)键产生新的隔断点。如图 2-26 所示,出现不同的隔断点,再使用光标点击不同隔断区间时,不同隔断区间的语音段落会出现高亮,用于标注语音信息。

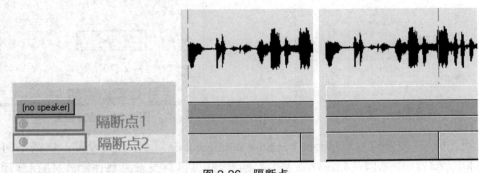

图 2-26　隔断点

2）片段信息

片段的类别包括记录 (report)、垃圾 (filler)、无标注 (nontrans)，如图 2-27 所示。

图 2-27　片段信息

点击对应片段信息中央红色按钮，即可进行片段信息的标注，如图 2-28 所示。详细说明如下。

● 对于新闻播报的段落，标记为记录 (report)。

● 对比较长的纯噪声段或非语音段（超过 5 秒），标记为无标注 (nontrans)。

● 对于非以上 2 种情况，标记为垃圾 (filler)。例如出现广告段落，或者当前音频文件由于初始切割不准确而包含的其他主题碎片。

片段的主题 (topic) 信息可以标记为音频文件对应的同步脚本中开始的说明文字，如"体育播报 (2022 年 07 月 08 日 21:19)"，其他情况可直接使用默认名称或联系标注规范制定人员。点击片段标记的按钮可以修改此片段的属性，或者用删除命令删除该片段。

3）新增事件

使用命令 (Ctrl+e) 来产生一个新的事件，在隔断点上会出现"[ent=]"，如图 2-29 所示。同时会出现对话框编辑此事件的属性，如图 2-30 所示。

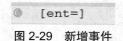

图 2-29　新增事件

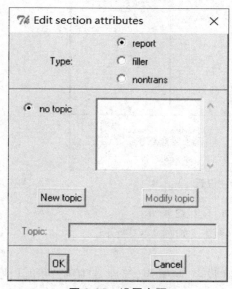

图 2-28　设置主题

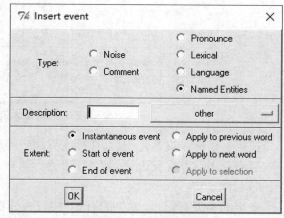

图 2-30　新增事件属性

属性分为 Type（类型）、Description（描述）和 Extent（范围），这些属性可根据此时标注的情况编写具体含义如下。

● Type（类型）。包括 Noise（噪声）、Comment（评论）、Pronounce（发音）、Lexical（词法）、Language（语言）、Named Entities（实体命名）。

● Description（描述）。可输入对于该片段的描述信息。

● Extent（范围）。包括 Instantaneous event（瞬间事件）、Apply to previous word（适用于上一个单词）、Start of event（开始事件）、Apply to next word（适用于下一个单词）、End of event（结束事件）、Apply to selection（适用于选择）。

4）标注说话人

一个新的片段产生时会自动在当前时间标记点增加新的说话人切换。使用命令(Ctrl+t) 产生一个新的说话人切换，同时编辑其属性。

● 两个说话人的语音是否交叠。

● 说话人信息包括：名称；类别：男 (male)、女 (female)、未知 (unknown)；口音：无口音 (native)、有口音 (nonnative)。

● 说话方式。自发式 (spontaneous)、朗读式 (planned)。

● 保真度。高 (high)、中 (medium)、低 (low)。

● 信道。宽带 (studio)、窄带 (telephone)。

点击说话人切换标记的按钮可以修改此说话人切换的属性，或者用删除命令删除该说话人切换。

说话人信息的标注对话框及其含义如图 2-31 所示。

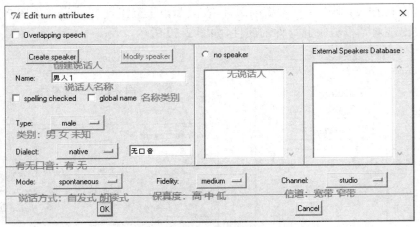

图 2-31　说话人信息标注设置

按照上述标注规则完成后，在标注界面中的效果如图 2-32 所示。

再次点击即可看到说话人信息，可进行新建或者修改。如图 2-33 所示。

5）标注噪声

噪声的类型有很多，常见的有 5 种噪声，分别是呼吸声、咳嗽声、笑声、打喷嚏声和其他由嘴唇发出的声音，对应英文为 breath、cough、laugh、sneeze、lipsmack。可依据具体需求修改 Noise 噪声列表，点击"Options——Events——Edit noise list..."，对默认的 Noise 噪声列表进行新增，添加 Value 和 Description。如图 2-34 所示。

标注方法：将标注区的光标移动到需要插入噪声的文字之间，使用命令"Insert event（插入事件）…"(Ctrl+d)，"类别——噪声"，点击"描述"栏后的"呼吸"按钮，选择弹出菜单中的 5 种噪声中的一种，"范围"选择"瞬间事件"，点击"OK"按钮完成事件添加。如图 2-35 所示，事件类型选择 Noise，描述为呼吸，范围为瞬间事件。

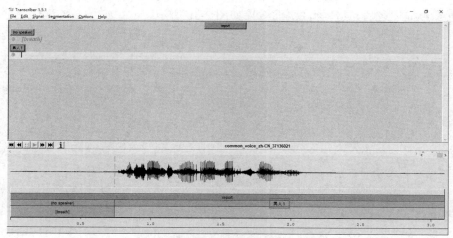

图 2-32　隔断点标注说话人信息

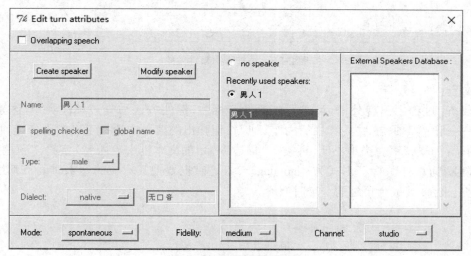

图 2-33　修改说话人信息

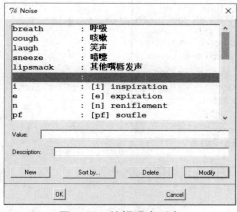

图 2-34　编辑噪声列表

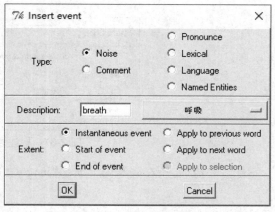

图 2-35　添加噪声事件

设置噪声描述之后,具体标注页面效果如图 2-36 所示。

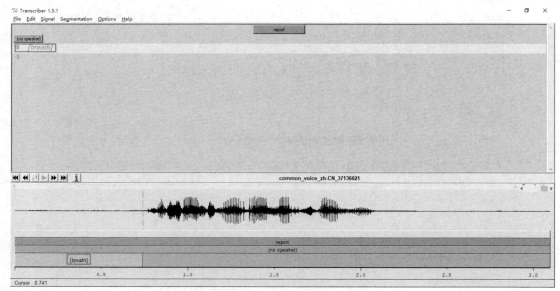

图 2-36　添加噪声事件效果

6)标注外语发音

当标注过程中出现外语,可进行外语发音标注,标注方法与噪声标注类似,区别在于"类别——语言"项,在"描述"栏后的"其他"按钮弹出的菜单中选择正确的语言选项,如图 2-37 所示;如果该语言类型不明,直接在"描述"栏后的文本框中输入 '?' 字符,"范围"选项中选择"瞬间事件",标记形式为 <language=?>,这时也要把其对应的始末时间点都用隔断点标记出来,使其成为单独的一个时间段。

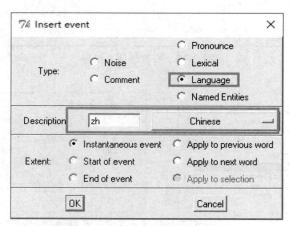

图 2-37　标注语音数据中语言

标注完成后,所在隔断内会显示"lang=Chinese"的标记,如图 2-38 所示。

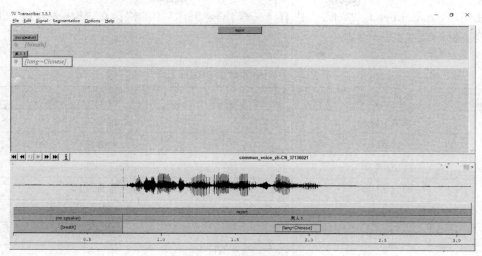

图 2-38　标注语言效果

重复步骤,直到音频信号的结束。

2. 检查

重新检查隔断信息和说话人切换信息的属性:修改片段信息,确保片段类别正确;确保片段的主题信息正确;修改说话人切换信息,确保是否语音交叠信息正确;确保说话人信息正确;确保说话方式、保真度、信道的属性正确。重新检查一遍,确认整个音频文件标注无误后,检查场景属性中标注员名字、主体语言等信息,确保正确。

3. 保存

使用命令 (Ctrl+s),保存标注结果(文件名与音频文件名相同,后缀不同,为 .trs,内容为 XML 格式文本)。

使用命令"File——Export——Export to STM format...",将标注保存为对应的 STM 格式(文件名不变,只改变后缀名为 .stm),也可保存为其他格式,如图 2-39 所示。在保存完毕和成功导出后,即完成该语音文件的标注,可进行下一项标注任务。

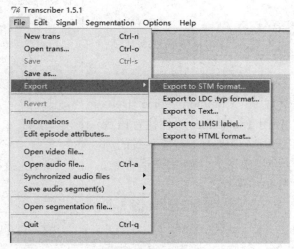

图 2-39　导出标注文件

在使用 Transcriber 软件的过程中有一些操作技巧和常用的快捷键,使用表格进行展示,方便提高标注效率,见表 2-2。

表 2-2　Transcriber 常用操作方法

操作方法	说明
Ctrl+n	新建标注
Ctrl+o	打开标注
Ctrl+s	保存标注
Ctrl+a	打开音频文件
Enter	插入隔断点
Shift+backspace	删除隔断点
Ctrl+e	插入片段
Ctrl+t	插入说话人切换
Ctrl+d	插入噪声标记或语言标记
Tab	播放 / 暂停
Shift+Tab	只播放当前的时间段
按下鼠标左键在音频波形区拖动	选定一段时间区域,可以在最下的状态栏上查看起始时间点和持续时间长度
按住 Shift,按下鼠标左键在音频波形区拖动	调整已选定的时间区域的起止位置
鼠标左键点击分隔信息条	选定一个时间段
按住 Shift,鼠标左键点击分隔信息条	选定连续的多个时间段
按住 Ctrl,鼠标左键拖动分隔信息条上的分隔线	调整时间段的边界点

应用任务一中获取的"Common Voice Delta Segment 13.0"数据集,使用 Transcriber 软件执行语音数据识别标注任务,用于语音识别人工智能系统的训练学习。需注明语音类型、说话人、噪声、说话背景、说话内容,并将标注文件集中保存。

第一步:导入语音文件,设置片段信息,如图 2-40 所示。

第二步:修改软件标注编码信息、语言设置并保

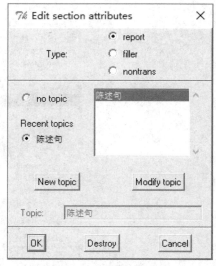

图 2-40　设置片段信息

存相关设置。如图 2-41 所示。

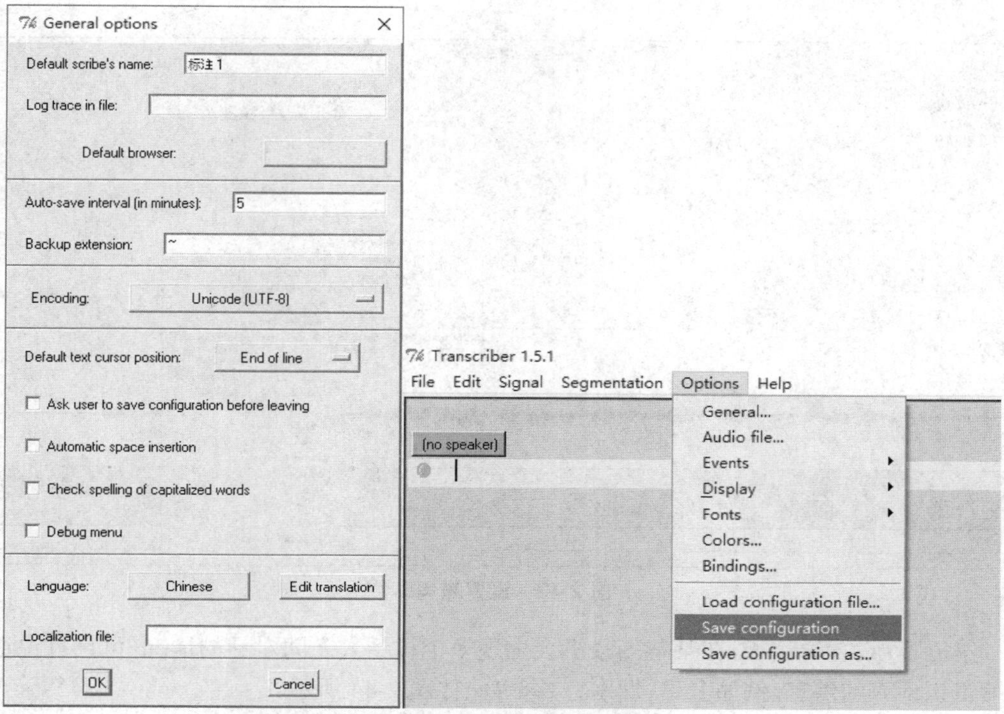

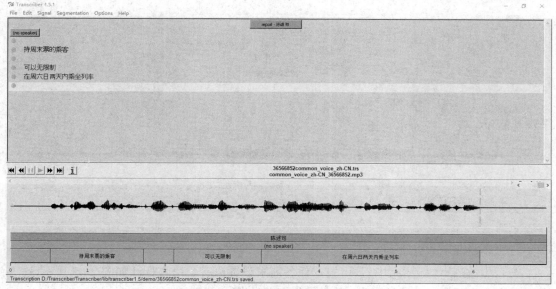

图 2-41 修改软件标注编码信息和语言设置

第三步：听取语音数据，在适合位置添加隔断点，并输入标注信息，如图 2-42 所示。

图 2-42 设置隔断标注信息

第四步：对于听取过程中出现的呼吸杂音，需要额外创建隔断点，并标注为"噪声——

呼吸",如图 2-43 所示。

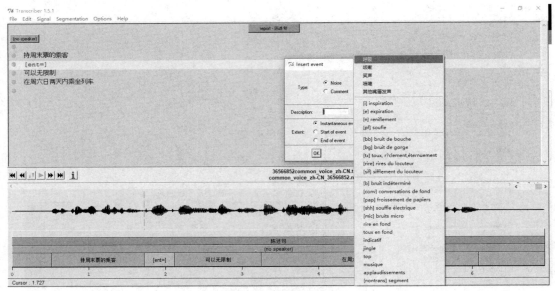

图 2-43 设置噪声事件

第五步:设置说话人,在某些场景下会出现多个说话人之间对话的情况,可设置说话人,并编辑说话人的信息,例如名称、性别、口音等。如图 2-44 所示。

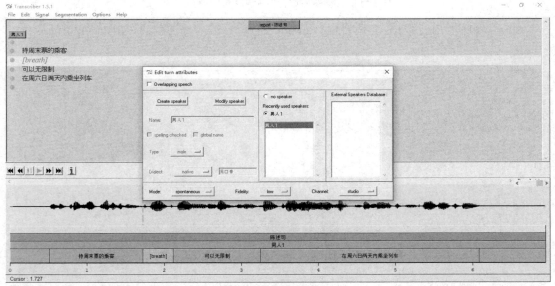

图 2-44 设置说话人

第六步:在整体标注完毕后,可根据任务需求设置语言。语言标注如图 2-45 所示,在某些场景下会出现语言混合的情况,可使用此种方式进行标注。

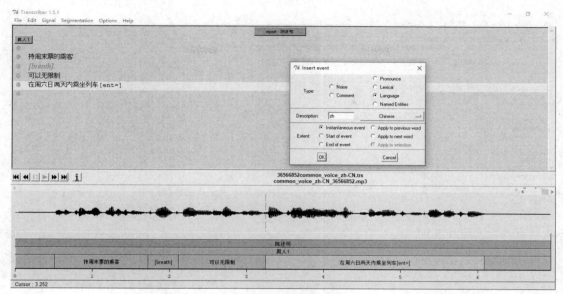

图 2-45 设置语言事件

第七步：进行背景信息标注，如图 2-46 所示。

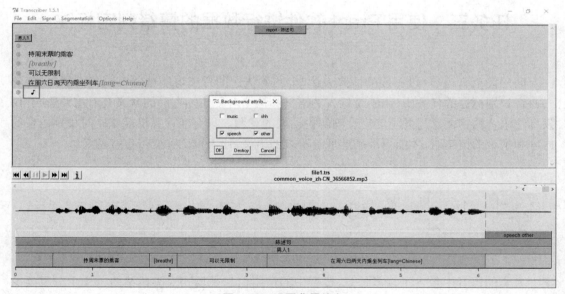

图 2-46 设置背景信息

第八步：完成基本标注之后，保存并打开该文件查看标注文件，可看到标注的文件名、标注人、主题名称、语音描述、隔断点时间、标记事件和标注的语音内容。如图 2-47 所示。

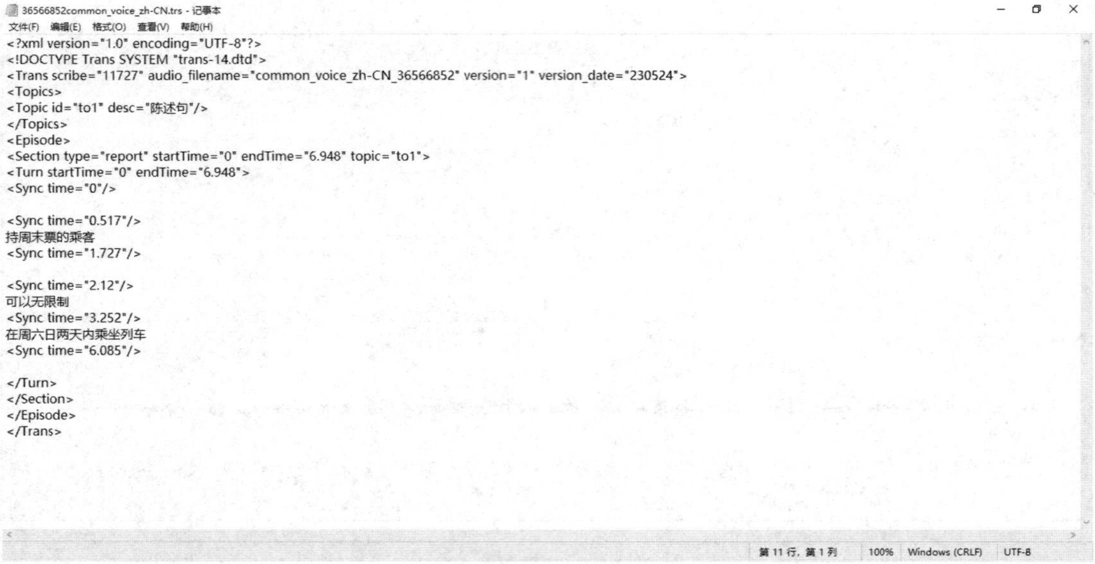

图 2-47　语音标注文件

任务三　使用 Praat 软件进行数据的情绪判定标注

同一段语音内容,以不同的情绪表达时,其所传达的意义可能截然不同。例如,在任务二语音识别标注的任务中,由于说话人的语气和情绪对于实际言辞的含义有着重要影响,仅仅标注语音的字面意思并不能完全理解说话人的意图。只有当计算机能够同时识别语音的内容和携带的情绪时,才能更准确地理解语言的语义,让人机交互变得更有意义。

人类的语音中包含了许多信息,语音中的情绪信息是反映人类情绪的一个十分重要的行为信号,同时识别语音中所包含的情绪信息也是实现人机交互的重要一环,因而,仅仅了解语音内容是不全面的。某公司依据需求情况计划开发实时语音聊天机器人项目,需要对采集的语音信息数据进行情绪判定标注,要求使用 Praat 标注软件进行数据标注,将语音信号与其对应的情感类别进行关联,最终交付标注文件和对应语音数据。在任务进行的过程中,可以了解情绪判定的规则和方法。

● 通过 Praat 标注软件导入语音文件
● 通过 Praat 标注软件进行情绪判定标注

　　语音中的情绪信息是反映人类情绪的一个十分重要的行为信号,同时识别语音中所包含的情绪信息是实现人机交互的重要一环。同样的一条语音内容,以不同的情绪说出来,其所携带的语义可能完全不同,只有计算机同时识别出语音的内容以及语音所携带的情绪,我们才能更准确地理解语音的语义,理解语音的情绪才能让人机交互更为自然和流利。

技能点 1　情绪判定语音标注的方法与规范

　　基于语音信号的情绪识别在近几年得到了广泛的关注和研究。但对于情绪的分类,研究者们没有统一的标准,现阶段基于语音信号的情绪识别主要分为两大类:离散情绪和维度情绪,分类的依据是对情绪的不同表示方式。

　　离散情绪。表示情绪的种类。大多数研究者认为人类具有 6 种离散的基本情绪,包括开心、难过、生气、厌恶、害怕和惊讶,但语音的情绪识别研究大多采用快乐、悲伤、愤怒和中性这 4 种区分度大的情绪。

　　情绪维度。表示情绪所具有的特征指标。可以根据这些特征指标对情绪进行分析。情绪维度有正负性、强度、紧张度和激动性等。在某一维度的变化幅度上分布着各种不同程度的情绪。例如:在正负性维度上,快乐是偏正性的情绪,反之悲伤是偏负性的情绪;在强度维度上,如生气的强度由弱到强可以分为生气、愤怒、大怒和暴怒等;在紧张度维度上,可以分为紧张和放松;在激动性维度上,可以分为激动和平静,如大怒与生气相比在激动性水平上更高。

　　由于一段语音中可能富含多种情感,为了保障数据标注的完成质量,语音标注设置了一些公共规范,有利于提升语音数据标注的质量,包括语音段落截取、有效语音判定和语音内容转写情绪判定。具体任务的规范还需与用户进行具体沟通。基本的语音标注规范如下。

　　(1)语音段落的截取,例如演讲语音、会议记录等,标注人员需要从中截取出多个语音小段,对于切开的语音小段分别进行标注。在截取过程中需要注意如下事项。

　　①考虑语义连接性,以说话人的一整句为单位进行截取。若一整句的时长超过 8 秒,也可以截取成分句。依据不同的环境以及含义切分语句。

　　②边界位置应选择语音波形的最低点。

　　③不同的说话人语音分开截取。

　　④可在截取时保留小部分静音段。

　　⑤截取没有突发噪声的语音段落。

　　⑥只有一个字表示应答的,例如"嗯""对""好"等,不需要单独分割成独立语音段。

　　(2)有效语音判定。在进行语音标注的过程中,语音有效性判定是必需的,为了保障最终实现高质量标注,不合格的无效语音需要加以说明和丢弃,以保证语音完整。

　　(3)语音内容转写情绪判定。需要注意的是情绪本身就具有主观性,对于语音段中不清晰的片段,包括呼气、吸气等,不同的标注人员会有不同的标注结果。例如语气词、同音字等存在争议的字或者是词。此时需要根据语义环境进行标注。

①词汇。词汇本身的含义可能会被环境因素所改变,这是根据丰富的社会经验来判断的。说话人特意拉长或者放慢声音说出的词汇也会表示重点的意思。例如:"我今天就在这片球场(放慢)打篮球"。如果使用文字表述大概就是中立情感,表示陈述,但是根据词汇着重点的不同,以及上下文语义,这条语句的情感就偏向于愤怒。

②感叹词。使用"额""噢""哦""啊""嗯""呃""呐"等语气词是情感标注的重点,不同的语调也代表着不同的情绪。

③标注时,需要注意定义的标注类型和标注数据类型,以准确地标记每一段语音情感信息。

技能点 2　Praat 软件的安装与配置

Praat 软件是一款用于进行语音标注的工具,其核心部分即具体负责语音信号处理任务的程序,通过执行编辑器或动态选单中的动作命令完成对数据的查询和处理任务。Praat 中最常用的两种编辑器是声音编辑器(Sound Editor)和文本表格编辑器(Text Grid Editor),在本次任务中主要介绍声音编辑器。

软件主要包括对象窗口(Praat Objects)、画板窗口(Praat Picture)、脚本编辑器(Script Editor)、按钮编辑器(Button Editor)、数据编辑器(Data Editor,无固定标题)、情报窗口(Info Window)和手册(Manual)等不负责具体的信号处理任务的辅助性组件。Praat 每次启动时,自动打开对象窗口和画板窗口。对象窗口也是 Praat 的主控窗口,在 Praat 程序的会话进程中始终打开,大部分功能也需要由此展开。脚本(script)是在 Praat 中执行各种操作的宏命令,能够简化日常操作,减少出错,并实现大量复杂操作的自动化。Praat 软件标注界面如图 2-48 所示。

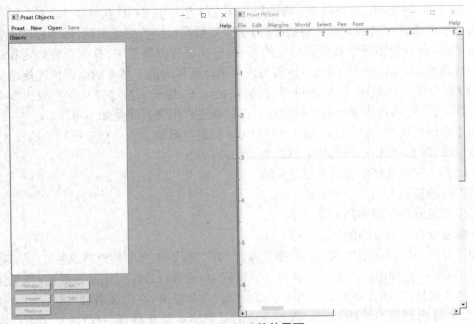

图 2-48　Praat 软件界面

使用 Praat 标注软件需要进行下载安装,导入新建标注文件,标注数据,保存标注文件。接下来介绍 Praat 软件的标注方法。

软件下载安装与导入文件

Praat 软件可从官网下载,可依据自身设备的环境选择不同版本,访问指定网站 https://www.fon.hum.uva.nl/praat/,在左上角点击下载,如图 2-49 所示。

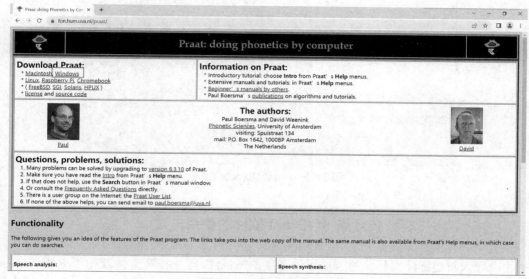

图 2-49　Praat 软件官网

点击进入下载界面,选择对应版本后下载安装即可。如图 2-50 所示。

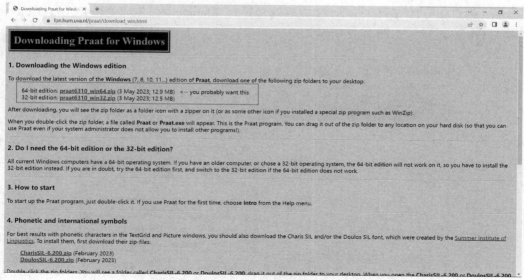

图 2-50　Praat 下载界面

安装完成之后,在对应目录打开 Praat 软件,打开后只保留 Praat Objects 窗口,如图 2-51 所示。

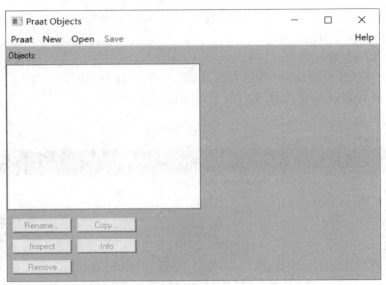

图 2-51　Praat Objects 窗口

技能点 3　Praat 软件的使用方法

（1）导入新建标注文件。为了进行语音数据的标注，需先打开文件，点击"read——read from file——选择录音文件"，点击右手边的"Annotate（标注）"选项。右方菜单含义分别是：Sound help（声音帮助文件）, View & Edit（视图和编辑）, Play（播放）, Draw（画图）, Query（查询）, Modify（修改）, Annotate（标注）, Analyse periodicity（周期性分析）, Analyse spectrum（频谱分析）, To Intensity（生成强度文件）, Manipulate（生成处理文件）, Convent（转换）, Filter（过滤），如图 2-52 所示。

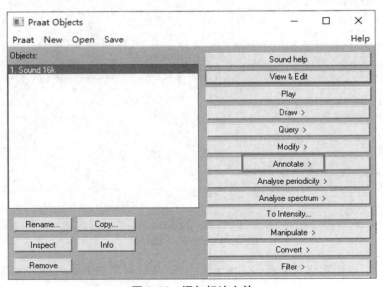

图 2-52　添加标注文件

点击"To TextGrid"选项,在弹出的"Sound: to TextGrid"界面第一个对话框输入"file1",第二行输入框内容清除,再点击"OK"完成 TextGrid 文件的创建,如图 2-53 所示。

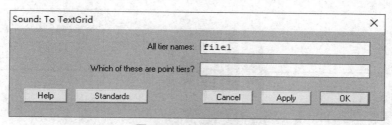

图 2-53 创建标注文件

按住 Ctrl 键同时选中 wav 语音文件和 TextGrid 文件,点击右侧的 View&Edit 进行数据标注,如图 2-54 所示。

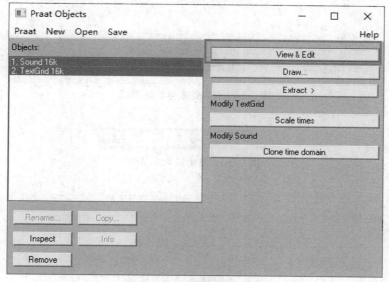

图 2-54 开始数据标注

(2)标注数据。出现标注页面,显示语音时域图、频域图和基本语音数据信息。如图 2-55 所示。

应用 Praat 软件标注的标注方法和常见的操作指令如下。

● 全新的标注任务

①播放 / 暂停 :Tab 键。

②放大 / 缩小操作,如图 2-56 所示。界面左下角: all(全屏显示); in(逐步放大); out (逐步缩小); sel(选中部分全屏显示)。

③选中音频。在语音波形上拖动鼠标。

④拖动音频。拖动标注界面最下面的滑动条。

⑤生成切割线。在语音波形上用鼠标点击需切割处,即出现一条红色虚线,同时该红色虚线与每个标注层的相交处有一个空心圆圈,点击空心圆圈,即可生成切割线(快捷键 :Enter)。如图 2-57 所示,与 Transcriber 软件中的隔断点类似。

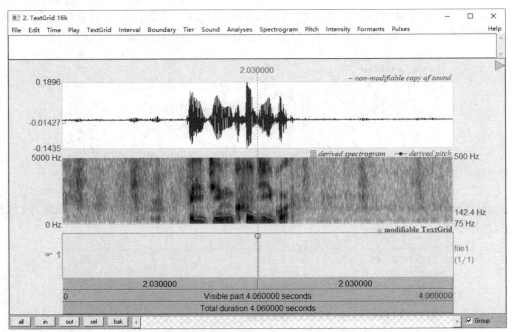

图 2-55　Praat 软件标注界面

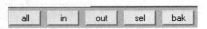

图 2-56　语音放大 / 缩小

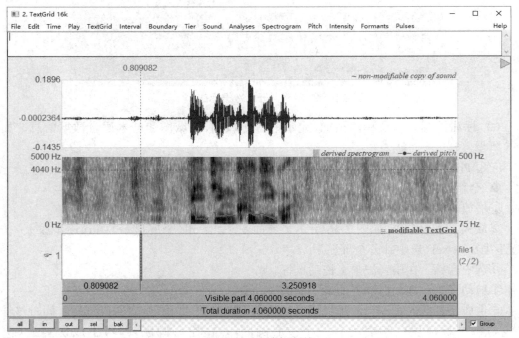

图 2-57　生成切割线

⑥移动切割线。鼠标点住要移动的切割线，左右拖动，如图 2-58 所示。

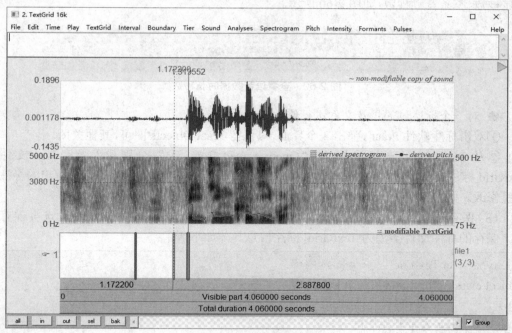

图 2-58　移动切割线

⑦删除切割线。点击界面左上顶部"Boundary——Remove"，即可删除（快捷键 Alt+Backspace），如图 2-59 所示。

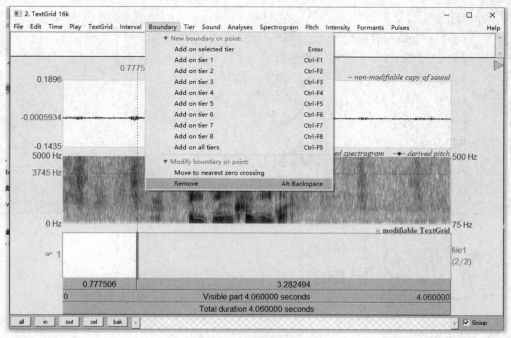

图 2-59　删除切割点

⑧查看秒数。在标注层下面,滑动条上面,有 3 个显示,依次为:每个切割片切割秒数、屏显秒数、整条音频秒数,如图 2-60 所示。

0.777506		3.282494	
0	Visible part 4.060000 seconds		4.06000
	Total duration 4.060000 seconds		

图 2-60　查看语音数据时长秒数

● 对一个标注过的录音文件进行修改或查看

①双击标注软件 Praat,弹出 3 个界面,只保留 Praat Objects 即可,其他关闭。

②从 Praat Objects 菜单中点击"Open → read from file",分别载入录音 wav 文件和 TextGrid 标注文件,按住 Ctrl 键同时选中这两个文件,点击右侧的 Edit 即可在弹出的标注界面里修改。

(3)保存标注文件。使用快捷键(Ctrl+s),如果是第一次保存则需要手动选择保存路径。保存的标注文件类型为 TextGrid,标注信息具体如下所示。

```
File type = "ooTextFile"      # 固定内容
Object class = "TextGrid"      # 固定内容


xmin = 0      # 表示开始时间
xmax = 4.567 751 2      # 表示结束时间
tiers? <exists>      # 固定内容
size = 1      # 表示这个文件有几个 item, 译为"层"
item []:
    item [1]:
        class = "IntervalTier"
        name = "text1"    # 标注文件名称
        xmin = 0
        xmax = 4.567 751 2
        intervals: size = 1
        intervals [1]:
            xmin = 0          # 此隔断点的开始时间
            xmax = 4.567 751 2      # 此隔断点的结束时间
            text = " 开心 "          # 标注内容,根据不同任务内容不同
```

本次任务需要对情感数据集进行数据标注,运用任务一中获取的"CASIA 汉语情感语

料库",使用 Praat 软件标注情感信息,并查看标注结果。

　　第一步:根据任务一中准备的一段带有情感色彩的语音数据(例如快乐、悲伤等),以"Sound201_sad"文件为例,同时点击"Annotate——To TextGrid...",创建标注文本。如图 2-61 所示。

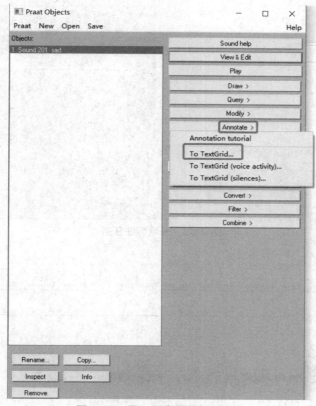

图 2-61　导入语音创建标注文件

　　第二步:创建标注文件,名称为"emotional1",如图 2-62 所示。

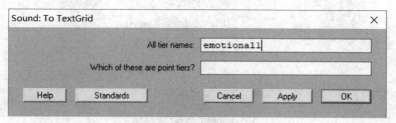

图 2-62　新建标注文件

　　第三步:同时选中这两个文件,点击"View & Edit",开始执行标注任务。如图 2-63 所示。

　　第四步:在标注界面可看到波形图,按"Tab"键可开始语音播放,同时使用鼠标左键点击波形图可选择播放位置,如图 2-64 所示。

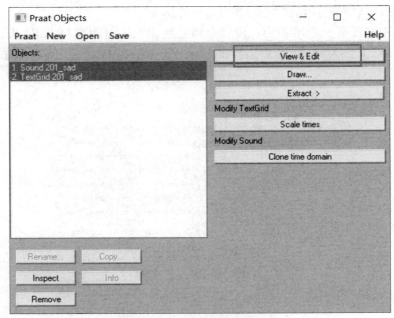

图 2-63　开始标注任务

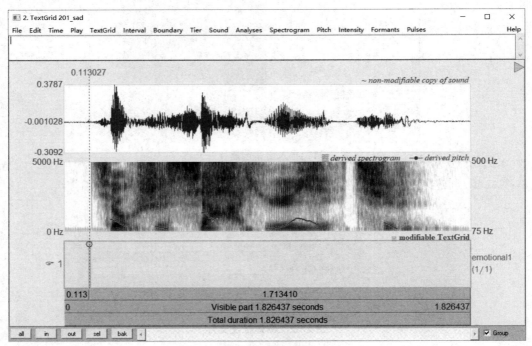

图 2-64　播放语音

　　第五步：听取整段语音，内容为"就算是下雨也要去"，声音较为低沉，依据生活经验可判断为"伤心、悲伤"，此时用中文标注为"悲伤"，如图 2-65 所示。

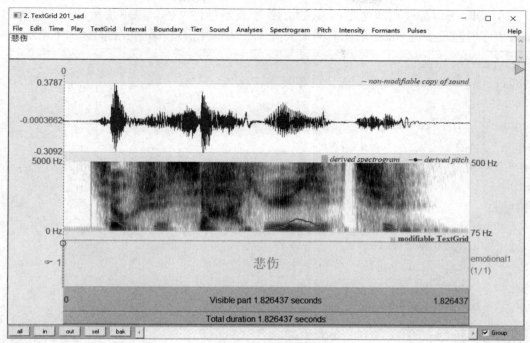

图 2-65　情感标注

第六步：完成该条语音数据的标注之后，进行保存，再进行其余语音数据的标注。对于语音内容较长、存在不同情绪情况，可添加分割点进行标注，语音内容为"好大的雷啊！回不去了"，分为两部分，前一部分为恐惧，后一部分为悲伤。如图 2-66 所示。

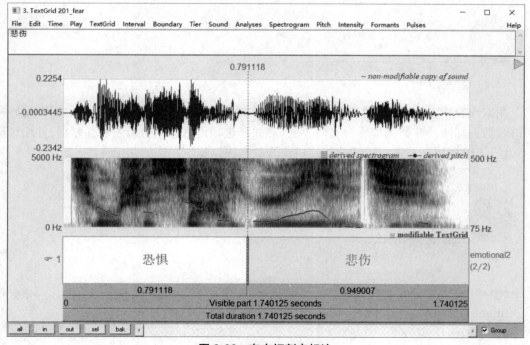

图 2-66　存在切割点标注

　　第七步：所需标注内容全部标注完成后，可查看标注文件。以单情绪标注文件为例，xmin 表示时间最小值，xmax 表示时间最大值，text 为标注信息，标注信息具体如下所示。

```
File type = "ooTextFile"        #固定内容
Object class = "TextGrid"         #固定内容


xmin = 0      #表示开始时间
xmax = 1.826 437 5      #表示结束时间
tiers? <exists>       #固定内容
size = 1        #表示这个文件有几个 item, 译为"层"
item []:
     item [1]:
          class = "IntervalTier"
          name = "emotional1"     #标注文件名称
          xmin = 0
          xmax = 1.826 437 5
          intervals: size = 1
          intervals [1]:
               xmin = 0          #此隔断点的开始时间
               xmax = 1.826 437 5      #此隔断点的结束时间
               text = " 悲伤 "         #标注内容
```

项 目 总 结

　　在本项目中，读者通过学习语音标注的基本概念，对语音信号基础、语音数据常见异常和语音数据标注公共数据集平台有所了解，对如何进行语音标注有所了解并掌握，并通过所学知识，能够使用开源语音标注软件完成语音数据识别标注和情绪判定标注。

英 语 角

report	记录
filler	垃圾
unknown	未知的

breakpoint	隔断点
section	片段信息
general	全体的
breath	呼吸
options	选择
nonnative	有口音的
object	对象

一、选择题

1. 通过算法将输入的语音信号识别为对应的语音内容,即将一段语音转化为文字输出属于(　　　)。

A. 语音识别　　　　　　　　　　　　B. 语种识别

C. 情感判断　　　　　　　　　　　　D. 语义区分

2. 下面关于语音信号的基础知识说法错误的是(　　　)。

A. 音色/音质:能够区分两种不同声音的基本特征

B. 音调:指声音高低,由声波振动幅度决定

C. 音强:指声音强弱,由声波振动幅度决定

D. 音长:声音的长短,由发声时间长短决定

3. 下列对于保真度的说法正确的是(　　　)。

A. 信噪比小于 10 db 设定为"低 (low)"

B. 信噪比在 10 db 到 20 db 之间设定为"中 (medium)"

C. 信噪比大于 20 db 设定为"高 (high)"

D. 以上都正确

4. Praat 是一款语音标注工具,以下关于该软件说法有误的是(　　　)。

A. 对象(object)是由 Praat 程序所构建的数据存储载体

B. 对象(object)有很多类型,仅有声音、文本两种

C. 对象(object)通过执行编辑器或动态选单中的动作命令完成对数据的查询和处理任务

D. 声音编辑器和文本表格编辑器是 Praat 中最常用的两种编辑器

5. 关于情绪判定的种类下列说法错误的是(　　　)。

A. 基本上有 6 种离散的基本情绪

B. 维度情绪是情绪所具有的特征指标

C. 在强度维度上,如生气的强度由弱到强可以分生气、愤怒、大怒和暴怒等

D. 语音的情绪识别研究大多采用难过、生气、惊讶和中性这 4 种类别

二、填空题

1. 作为人类与机器沟通的桥梁，_____ 有着天然的魅力与优势。

2. 语音数据异常中的喷麦是指在说话人发音时，由于距离麦克风 _____ 而表现出的录入语音不清晰。

3. 句子的结尾，只要有较明显的 _____，就应该加隔断点。

4. 在情感判定中考虑语义连接性，以说话人的一整句为单位进行截取。若一整句的时长超过 _____ 秒，也可以截取成分句。

5. 标注时，需要注意定义的 _____ 和标注数据类型，以准确地标记每一段语音情感信息。

三、简答题

请说明语音标注的基本流程。

项目三　图像数据标注

项　目　导　言

人类需要通过对图像的定义来学习和识别自然界中的物体,计算机如同人类一样,也需要通过数之不尽的"图像知识"来学会对物体进行识别、分类,而图像标注就是以计算机可以理解的方式来提供这些"知识"。本项目主要对图像数据标注的概念、规则以及标注工具进行介绍,并通过学习图像数据标注的 3 种方法来实现图像数据标注的操作。

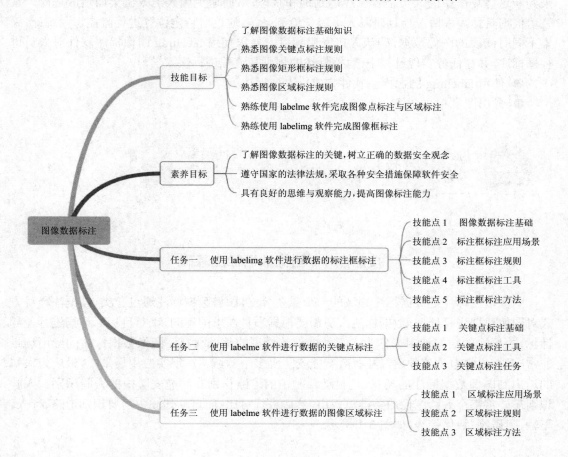

任务一　使用 labelimg 软件进行数据的标注框标注

矩形框标注工具用途广泛且简单明了,是计算机视觉中最常用的图像标注工具之一。标注人员使用矩形框圈出目标,并协助计算机视觉网络找出感兴趣的目标。标注框标注是图像数据标注中较为简单的标注形式,矩形框几乎可以应用于任何目标,而且能大幅提升目标检测系统的准确度,是图像标注最基本的方式之一。

随着旅游业的日益发展,人们旅游出行的需求不断增长,为了防止在出游的过程中出现人群拥挤踩踏事件,可对商场、景点、车站等进行监控,对在场人员进行识别,通过统计人数来判断这些场所中的人员是否已经达到饱和状态,从而避免因人员太密集而造成危险。某公司依据具体需求情况计划研发人员流量检测系统,通过对特定位置进行监控识别统计,采集不同时间段的图像数据,确认人口密集程度。要求使用 labelimg 图像标注软件对人员进行框标注,并在任务实现过程中,对框标注的规则和流程进行深入学习。

● 使用 labelimg 图像标注软件完成行人框标注
● 导出图像标注文件

技能点 1　图像数据标注基础

图像数据标注是数据标注领域的一个重要分支,图像数据标注通过分类、画框注释等方式对图像数据进行处理,数据标注人员需要根据项目需求的不同,来对目标标记物进行差异性标注,标注的数据被用来作为人工智能训练模型的基础材料。图像数据标注的应用场景非常广泛,包含自动驾驶、智慧医疗、智能安防等多个领域。在现实应用场景中,最广为人知的运用到图像数据标注的场景,是自动驾驶中的道路识别和智能安防中的人脸识别。人脸识别需要将整个人脸图像的关键点找出,然后进行对比;而自动驾驶中需要识别道路、行人、车辆、障碍物、绿化带等,如图 3-1 所示。

图 3-1　用于自动驾驶的图像标注

最有名的图像数据标注任务当属斯坦福大学李飞飞教授在 2007 年开启的 ImageNet 项目（图 3-2），该项目为了给机器学习算法提供丰富可靠的图像数据集，利用亚马逊的劳务众包平台来对图像数据进行标注，全球已经有一百多个国家（地区）的数万名工作者为该项目标注了 1 400 多万张图像。2010—2017 年，ImageNet 共举办了 8 次图像任务挑战赛，吸引了全球的参赛队伍通过编写相关算法来完成分类、检测和定位等子任务。ImageNet 项目的成功改变了人们算法为王的认知，人们逐步意识到数据才是人工智能的核心，数据比算法重要得多。"胡乱输入，胡乱输出"，没有高质量的输入数据，再好的算法得到的也是无用输出。图像数据标注产业根据企业和用户的实际需求对图像数据进行不同方式的标注工作，从而为机器学习提供大量可靠的训练数据。

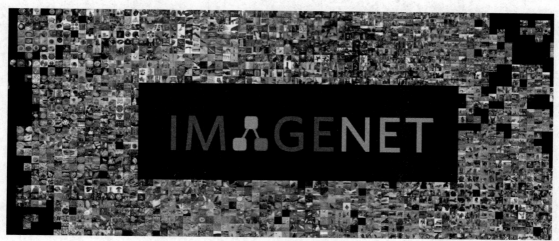

图 3-2　ImageNet 项目

技能点 2　标注框标注应用场景

矩形框标注通过拉选矩形框的方式,来对图片的特征进行提取。标注框常用于标注自动驾驶技术中需要识别的人、车、物等目标,使自动驾驶模型通过训练能够更精准地识别出需躲避的目标对象,图 3-3 所示的是在街景图片中标注行人,图 3-4 所示的是在道路中标注车辆。在人脸识别系统中,也需要通过标注框将人脸的位置确定下来,再进行下一步更精细的人脸识别。在 OCR(光学字符识别)应用中,需要通过框的形式将各文档中需要识别转化的内容标注出来,图 3-5 所示的是标注图片中需要识别的文字。

图 3-3　行人标注

图 3-4　车辆标注

图 3-5　文字标注

技能点 3　标注框标注规则

在使用标注框进行标注时,存在一些标注规则,只有遵守这些规则,标注才能被良好地使用,标注框标注规则如下。

（1）贴边规则。标注框需紧贴目标物体的边缘进行画框标注,矩形框不可过小或过大,如图 3-6 所示,左侧图片框过大,右侧图片框合规。

图 3-6　贴边规则

（2）重叠规则。当两个目标物体有重叠时,只要不是遮挡超过一半的目标就可以使用矩形框进行标注,允许两个框有重叠的部分。如果其中一个物体挡住另一个物体一部分,框的时候就需要对另一个物体的形状脑补完整,然后框起来即可。如图 3-7 所示,左侧图片最左目标未完全框选,右侧图片框选合规。

图 3-7　重叠规则

（3）独立规则。每一个目标物体均需要单独拉框,如图 3-8 所示,左侧图片三瓶水不能只拉一个框,右侧图片框选合规。

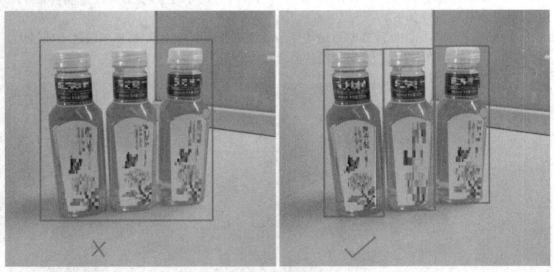

图 3-8　独立规则

（4）不框规则。图像模糊不清的不框,太暗和曝光过度的不框,不符合项目特殊规则的不框。如图 3-9 所示,左侧图片中物体过于模糊,不应被框选。

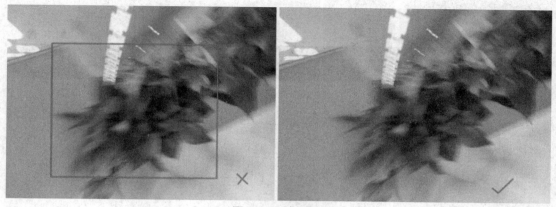

图 3-9　不框规则

（5）边界检查：确保框坐标不在图像边界上，防止载入数据或者数据扩展过程出现越界报错。如图 3-10 所示，左侧图片最右侧目标选框越界，右侧图片框选合规。

图 3-10　边界检查

（6）小目标规则。不同的算法对小目标的检测效果不同，对于小目标只要人眼能分清，都应该标出来。再根据算法的需求，去决定是否启用这些样本参与训练。

技能点 4　标注框标注工具

Labelimg 是一个跨平台图像标注工具，它主要被用来进行矩形标注，labelimg 的标注信息能保存为 XML 文件，可方便地创建数据集，进行深度学习训练。labelimg 的 Windows 安装程序下载地址为：https://github.com/heartexlabs/labelImg/releases，打开该地址网页，点击图 3-11 中标注的位置即可开始下载。

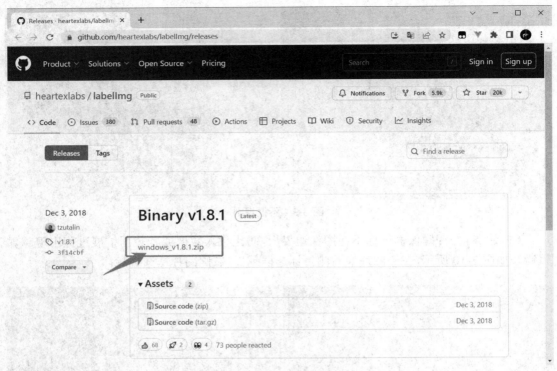

图 3-11　labelimg 下载页面

　　下载完成后，解压下载的 zip 文件，双击解压文件夹中的 labelimg.exe 文件，如图 3-12 所示，即可打开 labelimg 软件。

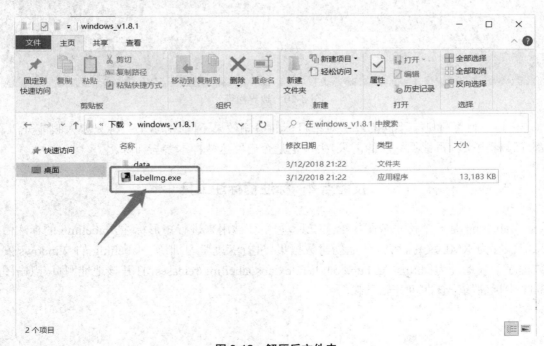

图 3-12　解压后文件夹

启动后的 labelimg 软件界面如图 3-13 所示。

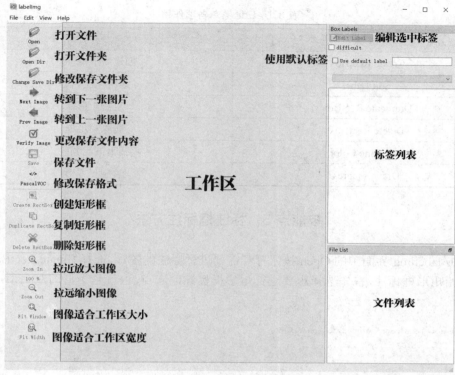

图 3-13　labelimg 界面

点击 labelimg 界面左上角的 Edit 菜单按钮，可选择不同的标记方式，如图 3-14 所示。

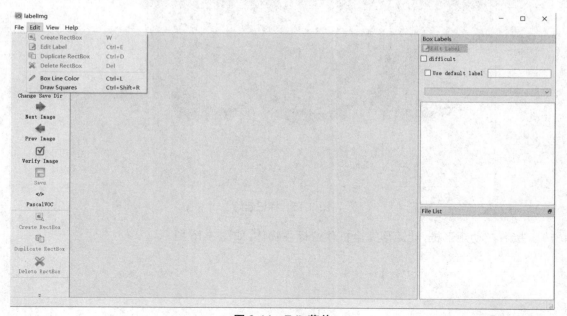

图 3-14　Edit 菜单

各选项的作用见表 3-1。

表 3-1　Edit 菜单各项作用

选项	说明
Create RectBox	创建矩形框标注
Edit Label	编辑标注标签
Duplicate RectBox	复制矩形框
Delete RectBox	删除矩形框
Box Line Color	编辑框线颜色
Draw Squares	绘制正方形

技能点 5　标注框标注方法

点击 labelimg 界面中的 Open 按钮打开需要进行标注的图片，选择 Create RectBox 选项即可开始矩形框标注，首先选择想要进行矩形框标注的起点，也就是矩形的左上顶点，如图3-15 所示。

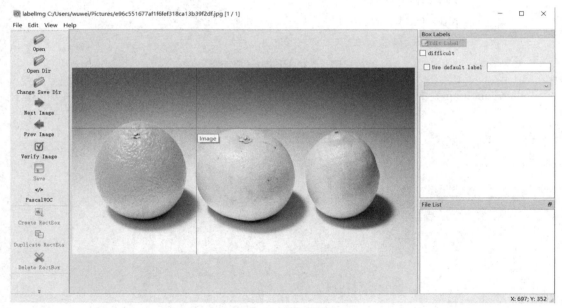

图 3-15　标记起始

接着拉动矩形框，让矩形完全框住待标注物体，如图 3-16 所示。

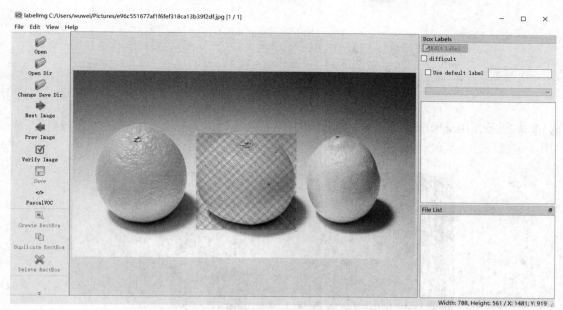

图 3-16 拉框过程

接着松开鼠标左键,框标注位置即被选定,弹出标注框,在框中输入标注名称,点击 OK 即可完成标注,如图 3-17 所示。

图 3-17 输入标注名称

本任务使用 labelimg 的矩形框标注图 3-18 中所有行人，并导出为 XML 文件，标注结果用于训练场景人数统计模型。

图 3-18　任务图像

第一步：使用 labelimg 软件打开待标图像，如图 3-19 所示。

图 3-19　选择标注图像

第二步:选择 Create RectBox 选项开始标注,标注过程中要按照矩形框标注规则进行拉框,首先标注图中最前方行人,矩形框紧贴行人,标注名称为 person,如图 3-20 所示。

图 3-20 开始标注

第三步:最前方行人标注完成后,标注其后方行人,由于后方红衣行人有少部分被遮挡,需要按照重叠规则进行脑补标注,如图 3-21 所示。

图 3-21 标注后方行人

第四步:依次标注图中其他所有行人,完成标注任务,如图 3-22 所示。

图 3-22　标注完成

第五步：完成图片的全部标注后，点击 Save 即可将标注内容导出为 XML 格式保存。

任务二　使用 labelme 软件进行数据的关键点标注

在日常生活中会接触到一些面部识别应用的情况，例如刷脸支付、人脸识别登录等。要达到这种效果就需要进行脸部特征的训练，其中关键的标注任务就是关键点标注。任务一中的标注框标注是利用矩形框让计算机明白标注的是什么，而关键点标注则需要事先规定标注的关键点，从而完成更复杂的判断。

视频监控技术的快速普及，使得相关部门能够通过视频监控技术识别身份，从而提高地区安全系数；在运动赛场上，可以通过视频监控技术获取运动员的动作轨迹，通过关键点标注技术和教练员的指导，能够帮助运动员更好地了解自身动作，帮助提高赛场成绩。某公司依据现有标注技术计划研发智能人员识别检测系统，主要包括身份验证和身体轨迹检测，应用于安全防护领域和运动员运动轨迹追踪领域，要求使用 labelme 图像标注软件进行脸部和人体关键点标注，并在任务实现过程中，对脸部和人体标注规则、流程进行深入学习。

● 使用 labelme 图像标注软件完成人脸关键点标注

● 导出图像标注文件

技能点 1　关键点标注基础

关键点标注是指将需要标注的元素按照需求位置进行点位标识,主要通过人工的方式,在指定位置标注上关键点,例如人脸特征点、人体骨骼连接点等,常用来训练面部识别模型以及统计模型,从而实现关键点的识别。关键点需要提前进行规定,而后标注人员需要在规定的位置标注关键点。人脸识别模型可以借助人脸关键点标注来识别图片上人物的特点,从而实现更复杂的判断;姿势识别模型可以借助人体关键点标注理解各个点在运动中的移动轨迹,从而对运动进行分析。

1)人脸关键点标注

近些年来,深度学习将人脸识别的精确度提高到肉眼级别,人脸识别被广泛应用于日常生活中,具体应用如安防预警、身份认证、金融支付等。

拓展知识:遵守法律法规,保障数据安全

人脸识别应用通过提取人脸的眼睛、鼻子、嘴巴、眉毛等特征点,精准查找图片或视频中人脸位置,并进行数据对比。由于技术的不断发展,人脸识别应用已经深入到人民生活的方方面面,包括移动支付、门禁识别、网络办理业务等都可以使用人脸识别来进行身份验证,所以人脸数据已经成为当下颇为重要的数据信息,一旦泄露后果将十分严重。党的二十大报告中也提出,健全国家安全体系……强化经济、重大基础设施、金融、网络、数据、生物、资源、核、太空、海洋等安全保障体系建设。因此,作为互联网从业人员,要严格遵守国家的法律法规,采取各种安全措施保障软件安全,防止出现数据泄露的风险。

训练人脸识别算法需要用到大量的人脸数据,而人脸数据的标注最常用的方法就是关键点标注,人脸关键点标注会标注出人脸关键区域位置,包括眉毛、眼睛、鼻子、嘴、脸部轮廓等,如图 3-23 所示。根据项目需求不同,对关键点标注的细致程度要求也不同,导致需要标注的关键点数量也不同。常见的人脸标注关键点数量有 21 点、35 点、68 点等。在不同数量的关键点标注任务中,每个点所代表的具体含义也有所区别,但是在具体任务中每个点标注的位置都是确定的。

（1）21 点标注。

21 点标注首次被应用于 AFLW（Annotated Facial Landmarks in the Wild）数据集,21 点的标注位置如图 3-24 所示,它们的描述如下。

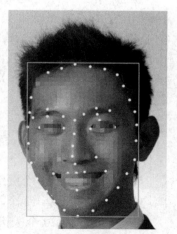

图 3-23　人脸关键点标注

● 与眼睛和眉毛相关的总共有 12 个点：左眉毛左角、左眉毛中心、左眉毛右角、右眉毛左角、右眉毛中心、右眉毛右角、左眼睛左角、左眼睛中心、左眼睛右角、右眼睛左角、右眼睛中心、右眼睛右角。

● 与嘴唇相关的有 3 个：左嘴角、右嘴角、嘴角中心。

● 与鼻子相关的有 3 个：左鼻角、鼻尖中心、右鼻角。

● 与耳朵相关的有 2 个：左边耳垂下方、右边耳垂下方。

● 与下巴相关的有 1 个：下巴最低点。

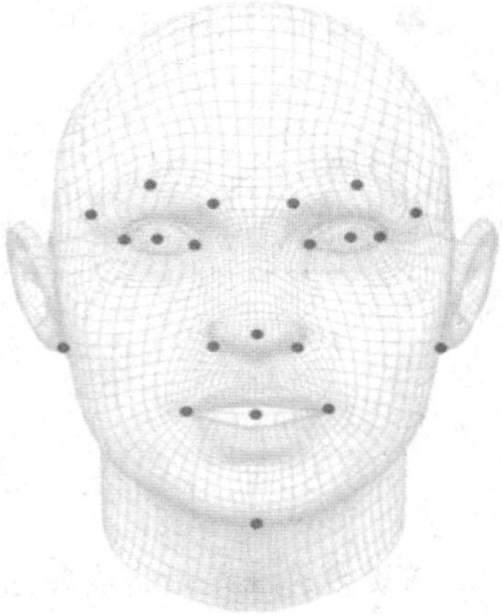

（2）35 点标注。

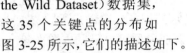

35 点标注首次被应用于 LFPW（Labeled Face Parts in the Wild Dataset）数据集，这 35 个关键点的分布如图 3-25 所示，它们的描述如下。

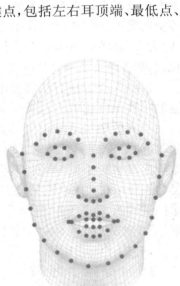

图 3-24　人脸 21 点标注

● 眼睛共标注 10 个关键点，区分了眼睑的上下位置。

● 眉毛共标注 8 个点，各自标注了 4 个关键点，分别是左右上下，所以眉毛的定位相对于 21 点标注其实也更加准确。

● 鼻子共标注 4 个关键点，分别为左右上下，考虑了鼻尖和鼻底。

● 嘴巴共标注 6 个关键点，分别是左右嘴角，以及上嘴唇的上下位置，下嘴唇的上下位置。

● 下巴最低点标注 1 个关键点。

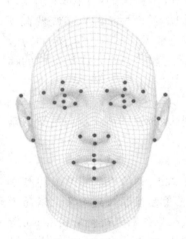

图 3-25　人脸 35 点标注

● 耳朵的总共 6 个关键点，包括左右耳顶端、最低点、耳朵靠内侧中部位置。

（3）68 点标注。

人脸 68 点标注是现今通用的一种标注方案，早期在 1999 年的 Xm2vtsdb 数据集中就被提出，现被 OpenCV 中的 Dlib 人脸识别库所采用。68 点标注将人脸关键点分为内部关键点和轮廓关键点，内部关键点包含眉毛、眼睛、鼻子、嘴巴等部位共计 51 个关键点，轮廓关键点包含 17 个关键点，如图 3-26 所示。

关键点的描述如下。

● 单边眉毛有 5 个关键点，从左边界到右边界均匀采样，共 5×2=10 个。

● 单边眼睛有 6 个关键点，分别是左右边界，上下眼睑均匀采样，共 6×2=12 个。

● 嘴唇分为 20 个关键点，除了嘴角的 2 个，分为上下嘴唇。上下嘴唇的外边界，各自均匀采样 5 个点，上下

图 3-26　人脸 68 点标注点位

嘴唇的内边界,各自均匀采样 3 个点,共 20 个。

● 鼻子的标注增加了鼻梁部分 4 个关键点,而鼻尖部分则均匀采集 5 个,共 9 个关键点。

● 脸部轮廓均匀采样了 17 个关键点。

2)人体标注

关键点标注人体可以追踪人体运动时的运动轨迹,使用训练模型分析这些运动轨迹,能够帮助运动员和教练组总结出如何更加安全有效地开展训练。如图 3-27 所示,即为标注 2 个击剑运动员的身体关键点。

图 3-27　人体关键点标注

人体 18 点标注是一种常用的人体关键点标注方案,包含头顶、颈部、四肢主要关节部位,支持多人检测、大动作等复杂场景,标记位置见表 3-2。

表 3-2　人体关键点标注部位

关键点序号	位置	关键点序号	位置
1	头顶	10	右手掌心
2	脖颈	11	左髋
3	左肩	12	右髋
4	右肩	13	左膝
5	左肘	14	右膝
6	右肘	15	左脚腕
7	左手腕	16	右脚腕
8	右手腕	17	左脚尖
9	左手掌心	18	右脚尖

技能点 2　关键点标注工具

　　Labelme 是使用 Python 编写的基于 QT 的跨平台图像标注工具,可用来标注分类、检测、分割、关键点等常见的视觉任务,支持 JSON 格式、VOC 格式和 COCO 格式的导出。在 Windows 平台安装 labelme 前需先安装 Anaconda, Anaconda 是一个开源的 Python 发行版本,下载地址为 anaconda.com,在该下载页面中点击 download 按钮即可开始下载,如图 3-28 所示。

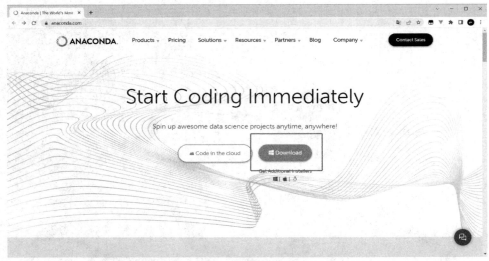

图 3-28　Anaconda 下载页面

　　下载完成后,打开安装程序即可开始安装,如图 3-29 所示。

　　在安装过程中出现设置内容,选择选项如图 3-30 所示。

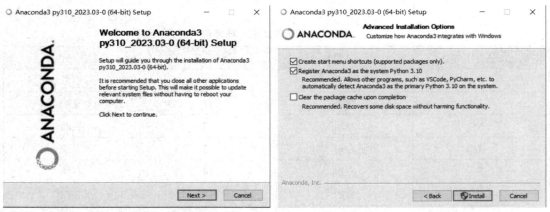

图 3-29　Anaconda 安装程序　　　　　　　图 3-30　Anaconda 安装选项

　　Anaconda 安装完成后,打开 Anaconda Prompt,使用如下命令在 Anaconda 中创建 labelme 虚拟环境:

```
conda create --name=labelme python=3
```

　　输入命令后，会运行几秒，正式开始创建前，会出现（[y]/n）提示，如图 3-31 所示。输入 y 并确认，等待运行结束。

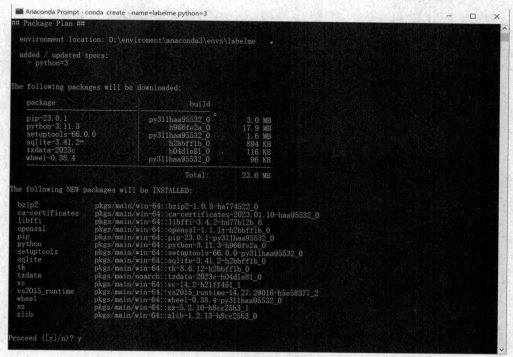

图 3-31　labelme 安装过程

　　创建好 labelme 虚拟环境后，输入如下命令即可进入 labelme 虚拟环境：

```
conda activate labelme
```

　　激活 labelme 虚拟环境后，使用如下命令正式开始安装 labelme：

```
pip install labelme
```

　　安装完成后，在 labelme 虚拟环境中输入命令"labelme"即可打开 labelme 软件，如图 3-32 所示。

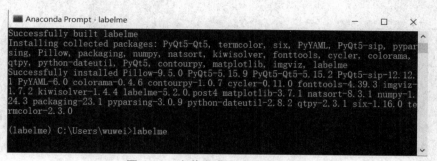

图 3-32　安装完成 labelme 并启动

启动后的 labelme 软件界面以及界面中各部分功能如图 3-33 所示。

图 3-33　labelme 界面

点击 labelme 界面左上角的 Edit 菜单按钮,可选择不同的标记方式,如图 3-34 所示。

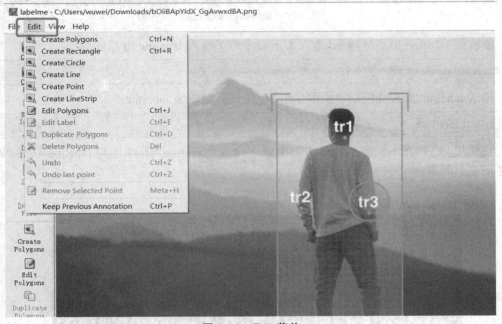

图 3-34　Edit 菜单

各选项代表的标注方式见表 3-3。

表 3-3 标注方式表

选项	说明
Create Polygons	创建多边形标注
Create Rectangle	创建矩形标注
Create Circle	创建圆形标注
Create Line	创建线标注
Create Point	创建点标注
Create LineStrip	创建不规则线条标注

技能点 3 关键点标注方法

点击 labelme 界面中的 Open 按钮打开需要进行标注的图片,选择 Create Point 选项即可开始关键点标注,左键点击图片中的想要标注的位置点,即可弹出标记框,在框中可为标记进行命名、分组以及描述,如图 3-35 所示。

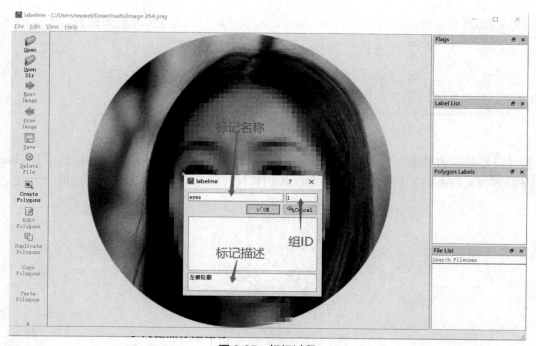

图 3-35 标记过程

其中标记名称为必填内容,组 ID 和标记描述为选填内容,标注编辑完成后,点击 OK 即可保存本次标注,保存后的标注点会显示在右侧的列表中,如图 3-36 所示。

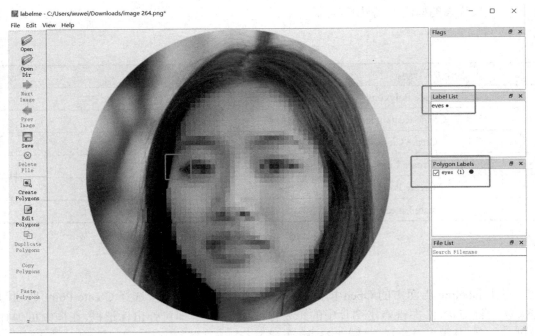

图 3-36　保存标注

完成图片的全部标注后，点击 Save 即可将标注内容导出为 JSON 格式保存。

（1）本任务为辅助人员识别检测系统进行算法训练，应用于安全监控领域，使用 labelme 以 68 点位标注图 3-37 人脸，并导出为 JSON 文件，标注结果用于训练人脸识别模型。

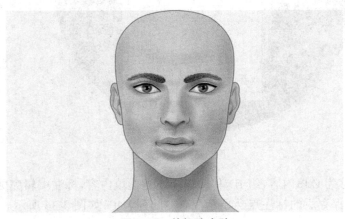

图 3-37　待标注人脸

第一步：使用 labelme 软件打开待标注人脸图片，如图 3-38 所示。

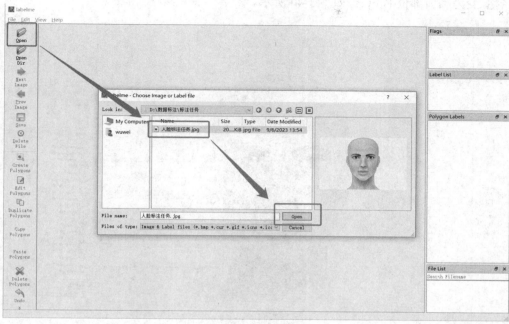

图 3-38 标注完成

第二步：从 Edit 菜单中选择 Create Point 选项，在图像中按人脸 68 点位置进行关键点标注，首先从眉毛开始进行标注，标记名称以部位名 eyebrow 来命名，如图 3-39 所示。

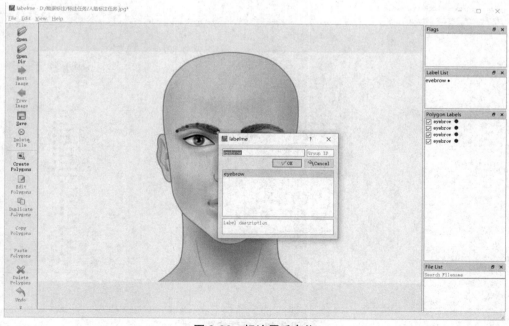

图 3-39 标注眉毛点位

第三步：眉毛上的 10 个关键点标注完成后，开始标注眼睛关键点，注意标注时需修改标注名称，变为当前部位名 eyes，如图 3-40 所示。

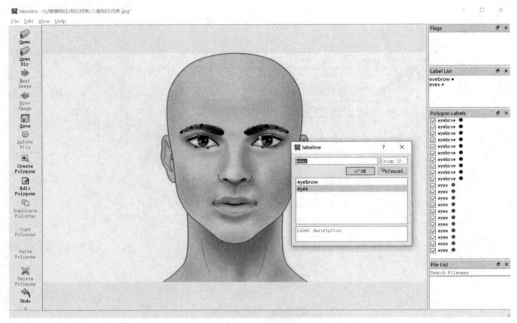

图 3-40　标注眼睛点位

第四步：接着按鼻子、嘴巴、脸部轮廓的顺序完成全部 68 点标注，如图 3-41 所示。

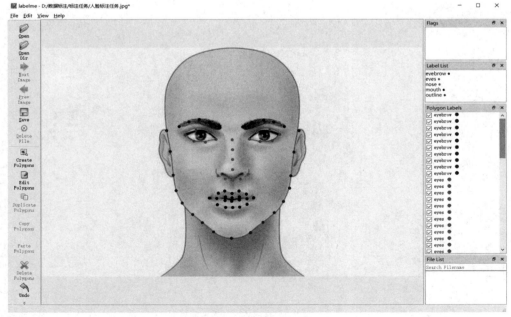

图 3-41　标注完成

第五步：完成图片的全部标注后，点击 Save 即可将标注内容导出为 JSON 格式保存。

（2）本任务为辅助人员识别检测系统进行算法训练，应用于人员健康监护领域，使用 labelme 以人体 18 点位标注图 3-42 中的人体，并导出为 JSON 文件，标注结果可用于训练运动分析模型。

图 3-42 待标注图像

第一步：使用 labelme 软件打开待标注人体图片，如图 3-43 所示。

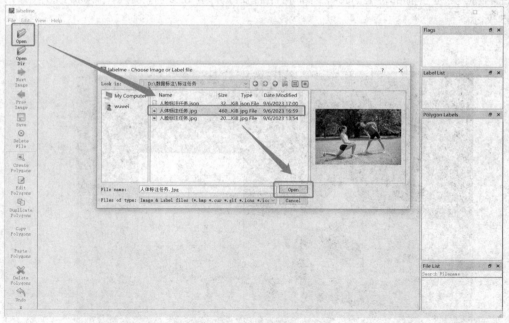

图 3-43 打开标注图像

第二步：从 Edit 菜单中选择 Create Point 选项，在图像中按人体 18 点位置进行关键点标注。首先从头顶开始进行标注,标记名称以部位名 top 来命名,图中共有两个待标注人体,需将标注部位根据不同人体进行分组,组 ID 为别为 1 和 2,如图 3-44 所示。

图 3-44　标注人体头顶

第三步:2 个人体的头顶关键点标注完成后,开始标注颈部关键点。注意标注时需修改标注名称,变为当前部位名 neck,颈部同样需要添加组 ID 进行不同人体标注的区分,如图 3-45 所示。

图 3-45　标注人体颈部

第四步：接着按照人体关键点标注部位表记载的顺序标注人体剩下的关键点，如图 3-46 所示。

图 3-46　标注完成

第五步：完成图片的全部标注后，点击 Save 即可将标注内容导出为 JSON 格式保存。

任务三　使用 labelme 软件进行数据的图像区域标注

图像区域标注是指将图像分成各具特性的区域并提取出感兴趣目标的技术和过程，例如目标规定的物体、车辆、道路等。相比于标框标注和关键点标注，图像区域标注更加关注标注图像中的特定区域，在区域内进行标注，其要求标注更加精确。

濒危动物的追踪识别一直是动物保护和研究的难题，使用传统的跟踪手法监控，效率较低，现如今可通过深度学习技术对摄像头采集到的图像进行识别；自动驾驶是当下热门的技术领域，需要对车辆、行人、障碍物、天气、车道线、路标等进行准确高质量的数据标注。某公司依据这些需求情况计划研发智能区域物体识别系统，主要包括追踪指定动物和道路识别检测，应用于物体检测和道路检测领域，要求使用 labelme 图像标注软件进行图像区域标

注,并在任务实现过程中,对图像区域标注的规则和流程进行深入学习。

● 使用 labelme 图像标注软件完成图像多边形标注
● 使用 labelme 图像标注软件完成图像线标注

技能点 1　区域标注应用场景

区域标注是从图像处理到图像分析的关键步骤,是一种基本的计算机视觉技术,只有在区域标注的基础上才能对目标进行特征提取和参数测量,使得更高层次的图像分析和理解成为可能。在进行图像标注之前,可根据图像区域是否封闭来分类,将图像区域标注分为开区域标注和闭区域标注。开区域标注常见的有线标注,闭区域标注常见的有多边形标注。

区域标注中的线标注通常用于自动驾驶应用中的车道线标注,与矩形框标注不同,线标注能够更加精确地描述线性对象的位置,主要用于自动驾驶车辆的道路识别,定义车辆、自行车、相反方向交通灯、分岔路等,如图 3-47 所示。

图 3-47　道路线标注

区域标注中的多边形标注常用于对不规则物体的标注,例如动植物、人体器官、建筑物等,相对于矩形框标注,多边形标注能够更精准地描述物体的形状和大小,可以标注目标的曲线和不同角度,从而提高模型的准确性和健壮性,如图 3-48 所示。

图 3-48　多边形标注鱼类

技能点 2　区域标注规则

在进行区域标注时,存在一些标注规则,只有遵守这些规则,标注才能被良好地使用,多边形标注和线标注的规则如下。

1)多边形标注规则

(1)多边形的所有区域都需要贴合物体,且完整覆盖对象,如图 3-49 所示,左侧多边形贴合物体且覆盖对象,合规;右侧多边形未完全贴合物体,不合规。

(a)正确示例　　　　　　　　　　　　　　　　(b)错误示例

图 3-49　贴合规则

(2)如果 1 个任务包含多个需要用多边形标记的对象,每个对象需要单独标注,如图

3-50 所示,左侧图中 2 个对象单独标注,合规;右侧图中 2 个对象未单独标注,不合规。

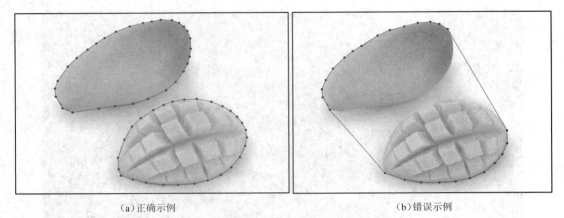

(a)正确示例   (b)错误示例

图 3-50　单独标注规则

（3）被遮挡部分需要脑补标注,而遮挡面积大的选择标记为无效图,如图 3-51 所示,左侧图中 2 个对象遮挡部分脑补完整并标注,合规;右侧图中 2 个遮挡部分未进行完整标注,不合格。

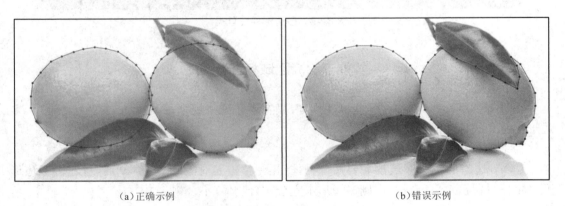

(a)正确示例   (b)错误示例

图 3-51　脑补规则

2）线标注规则

● 车道线定位

标注单线时,沿车道线中心标注;标注双线时,两条线分别标出,沿各自的中心线标注,如图 3-52 所示。

对于特殊线型,沿中心线标注,对于宽度达到或接近一车宽的应急车道,需要额外标注路沿,如图 3-53 所示。

标注路沿时,要沿可行驶区域的边界标注,一般为接地点,即路牙下端,如图 3-54 所示。

图 3-52 中心标注规则

图 3-53 特殊线型规则

图 3-54 边界标注规则

技能点 3　区域标注方法

labelme 软件可以进行多边形标注以及线标注,软件中的 Create Polygons 功能可以创建多边形标注,Create Line 和 Create LineStrip 功能可以创建线标注。

1)多边形标注

选择 Edit 菜单中的 Create Polygons 选项开始多边形标注。进行多变形标注时,首先选择多边形起始点,点击左键后可拉出一条直线,如图 3-55 所示,将直线沿待标注物体轮廓进行绘画,直到直线即将远离标注物体轮廓,再次点击左键,完成多边形第一段边的标注。

图 3-55　第一段边标注

接下来开始多边形第二段边的标注,第二段直线会从上一次点击留下的点开始延伸,依旧沿待标注物体轮廓进行绘画,直到直线即将远离标注物体轮廓,如图 3-56 所示,点击左键,完成多边形第二段边的标注。

重复上述过程,直到沿标注目标轮廓绘画的多边形标注即将闭合,需要保证标注起始点和最后创建的一段标注线末尾之间剩下的是直线,如图 3-57 所示。

此时双击待标注图片的任意位置,多边形的起始点和最后创建的一段标注线末尾会自动进行连接,完成多边形的闭合,并弹出标记框,框中填写的内容与点标注的标记框一致,如图 3-58 所示。

其中标记名称为必填内容,组 ID 和标记描述为选填内容,标注编辑完成后,点击 OK 即可保存本次标注,保存后的标注点会显示在右侧的列表中。

图 3-56　第二段边标注

图 3-57　最后一段边标注

2）线标注

选择 Edit 菜单中的 Create Line 和 Create LineStrip 选项可开始线标注。其中 Create Line 为直线标注，Create LineStrip 为线段标注。

图 3-58 标注闭合

首先使用 Create Line 直线标注，开始直线标注后，点击左键选择直线起始点，选定后从起始点拉出一条直线，再次点击左键后会选定直线结束点，即可完成直线标注，并弹出标记框，如图 3-59 所示，框中填写的内容与多边形标注的标记框一致，标注编辑完成后，点击 OK 即可保存直线标注，保存后的标注点会显示在右侧的列表中。

图 3-59 直线标注

　　然后使用 Create LineStrip 线段标注,线段标注可以画出多段直线,开始线段标注后,首先如直线标注一般操作画出一段直线,不同的是,选择完第一段直线结束点后,可以以该结束点为起始点,画出第二段直线,如图 3-60 所示。

图 3-60　线段标注

　　线段标注可以由若干段直线组成,没有上限,每段直线的结束点都是下一段直线的起始点,如果想要结束线段标注,则双击标注区域的任何位置,即可完成线段标注,并弹出标记框,如图 3-61 所示,框中填写的内容与多边形标注的标记框一致,标注编辑完成后,点击 OK 即可保存线段标注,保存后的标注点会显示在右侧的列表中。

图 3-61　线段标注结束

（1）本任务使用 labelme 软件的多边形标注功能标注图 3-62 中的所有熊猫，并导出为
JSON 文件，标注结果用于训练濒危动物识别模型。

图 3-62　标注任务图像

第一步：使用 labelme 软件打开待标注熊猫图片，如图 3-63 所示。

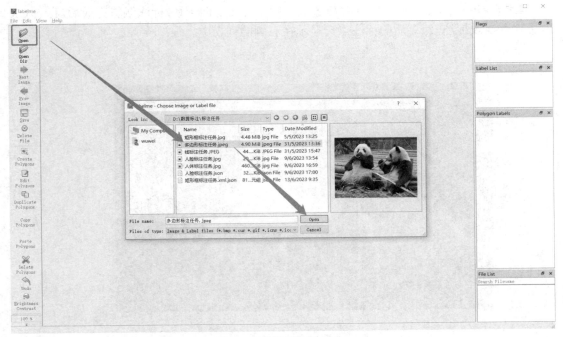

图 3-63　选择标注图片

第二步：从 Edit 菜单中选择 Create Polygons 选项，标注过程中要按照多边形标注规则进行标注，首先开始标注图中左侧熊猫，标注轮廓紧贴熊猫轮廓，保证多边形每两点之间标注的轮廓近似直线，如图 3-64 所示。

图 3-64　开始标注

第三步：以第二步的方式沿熊猫轮廓完成第一只熊猫标注，并将标注命名为 panda，点击 OK 完成该标注，如图 3-65 所示。

图 3-65　标注完一只熊猫

第四步：接着以同样的方式按轮廓标注另一只熊猫，如图 3-66 所示。

图 3-66　标注完成

第五步：完成图片的全部标注后，点击 Save 即可将标注内容导出为 JSON 格式保存。

（2）智能驾驶汽车需要。本任务使用 labelme 软件的线标注功能标注图 3-67 中所有车道线，并导出为 JSON 文件，标注结果用于训练自动驾驶模型。

图 3-67　待标注图像

第一步：使用 labelme 软件打开待标注道路图片，如图 3-68 所示。

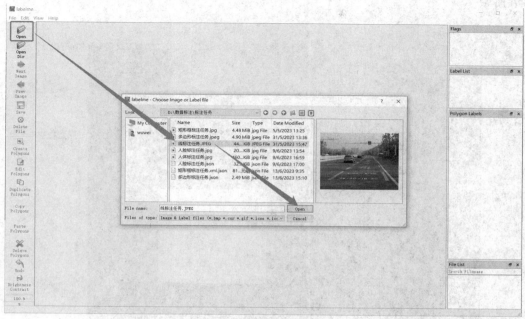

图 3-68　选择标注图片

第二步：从 Edit 菜单中选择 Create LineStrip 或 Create Line 选项开始线标注，在标注过程中要按照线标注规则进行标注，首先标注图中车道两侧的边界线，边界线标注名设置为 edge line，如图 3-69 所示。

图 3-69　边界线标注

第三步：边界线标注完成后，开始标注各条行车线，行车线标注名设置为 lane line，如图 3-70 所示。

图 3-70　行车线标注

第四步：完成所有行车线的标注，如图 3-71 所示。

图 3-71　标注完成

第五步：完成图片的全部标注后，点击 Save 即可将标注内容导出为 JSON 格式保存。

项目总结

　　本项目使用 labelme 和 labelimg 图像标注软件完成了多组图片标注任务,使读者了解了关键点标注、标注框标注、多边形标注和线标注的标注方法和标注规则,提高了对标注软件的使用熟练度,掌握了图像数据标注的方法和流程。

英语角

label	标签
rectangle	矩形
install	安装
circle	圆
prompt	提示
line strip	线条
activate	激活
description	描述
polygons	多边形
truncated	截短的

任务习题

一、选择题

1. labelme 是使用(　　)语言编写的图像标注工具。

A. Python　　　　　　　B.C++　　　　　　　C.Java　　　　　　　D.C

2. 以下哪项不是人脸关键点标注任务(　　)

A. 21 点标注　　　　　　　　　　　B. 68 点标注

C. 36 点标注　　　　　　　　　　　D. 29 点标注

3. labelme 不能使用以下哪项标注方式(　　)

A. Polygons　　　　　　　　　　　B. Rectangle

C. Circle　　　　　　　　　　　　D. RectBox

4. 当两个目标物体有重叠时, 只要不是遮挡超过（　　　）的就可以使用矩形框进行框选标注。

A. 60%　　　　　　　　　　　　　　　B. 50%

C. 75%　　　　　　　　　　　　　　　D. 65%

5. 下面有关于多边形标注, 说法错误的是（　　　）

A. 标注时不框不规则物体

B. 标注时被遮挡部分需要脑补标注

C. 多边形的所有区域, 都需要贴合物体

D. 每个对象需要单独标注

二、填空题

1. 关键点标注是指将需要标注的元素按照 _____ 进行点位标识, 从而实现 _____ 的识别。

2. 图像标注项目 ImageNet 项目开启于 _____ 年。

3. 矩形框标注通过 _____ 的方式, 选定矩形区域内的内容来对图片的特征进行提取。

4. 标注框需紧贴目标物体的 _____ 进行画框标注。

5. labelimg 可以使用 _____ 和 _____ 进行标注。

二、简答题

1. 什么是图像数据标注？

2. 矩形框标注的标注规则有哪些？

项目四　视频数据标注

随着流媒体的飞速发展,视频信息越来越多地成为人们关注的焦点。视频信息是融合了图像、语音、文本和动画等多种类型的数据。视频数据标注是以帧为单位在一系列图像中定位和跟踪物体,进行标注后的视频数据将作为训练数据集用于训练深度学习和机器学习模型,多用于训练车辆、行人、骑行者、道路等自动驾驶领域的模型,这些预先训练的神经网络之后会被用于计算机视觉领域。本项目对视频数据标注的概念进行了介绍,并以当下流行的视频数据标注软件 CVAT 为例,讲述了视频数据标注的方法。

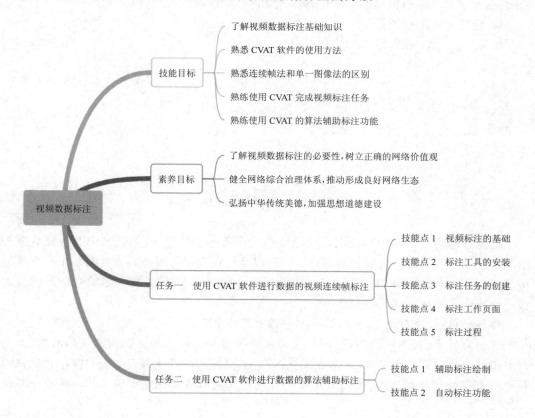

任务一　使用 CVAT 软件进行数据的视频连续帧标注

视频数据标注的目的是对场景中活动目标的位置、形状、动作、色彩等有关特征进行标注,提供大量数据供跟踪算法使用,从而实现对场景中活动目标的检测、跟踪、识别,以及进一步的行为分析和事件检测。与单个图像标注相比,视频连续帧标注需要在视频序列中的每一帧上进行标注,以获取更全面和准确的信息。标注的困难在于处理视频数据的连续性和时序关系,同时还需要保持一致性和准确性。

繁华街道的十字路口往往是交通事故频发区域,为了提高人们的安全意识,会进行巡查检测。某公司依据此情况计划研发人员跟踪检测系统,应用于安全防护领域,要求标记行人从完整出现在画面内到视频结束的所有帧,使用 CVAT 软件进行视频数据标注,并在任务实施过程中,对视频数据标注的方法进行深入学习。

● 使用 CVAT 视频标注软件完成视频中行人的标注
● 使用 CVAT 软件导出标注数据

技能点 1　视频标注的基础

随着互联网技术的快速发展以及手持移动设备的不断更新,互联网中的视频数据规模正以惊人的速度增长。视频分享、监控、广告以及视频推荐等服务刺激着网络用户对视频上传、下载、点评和检索等相关活动产生浓厚兴趣并参与其中,每天有大量的视频数据被上传到社交网络中并被大量用户分享。

拓展知识:加强意识形态建设,推动网络生态发展

现如今抖音、快手等应用的兴起,使得短视频占据了一大部分民众的娱乐时间,然而应用中短视频的质量良莠不齐,内容也五花八门,短视频的特性使得人们会潜移默化地被短视频中所表现的价值观影响,因此需要使用视频标注技术辅助视频审核工作。作为一名新时代青年,要利用这种内容传播形式,弘扬中华传统美德,加强思想道德建设。党的二十大报告中指出,建设具有强大凝聚力和引领力的社会主义意识形态。……加强全媒体传播体系建设,塑造主流舆论新格局。健全网络综合治理体系,推动形成良好网络生态。

　　要从如此海量的视频数据中获得感兴趣的内容,远远超出了单个用户的能力范围,因此,必须有新的技术来满足互联网用户对视频等多媒体数据日益增长的检索需求。而视频数据通过语义、内容等方式进行标注后,可用于优化视频数据的推送、搜索和管理。视频标注任务如图 4-1 所示。

图 4-1　视频标注任务

　　视频数据标注与图像数据标注相比,同样会应用到标注框标注、多边形标注、关键点标注等标注方式。而不同的是,图像数据标注是在一个时间点上标注数据,视频数据标注则是对一段时间内连续的一系列图像数据的集合进行标注。视频数据标注表达的信息更加丰富,因此具有更广阔的应用场景,除了上述的视频检索,视频数据标注还可以应用于智能安防、自动驾驶、新零售等领域。在这些领域中,被标注的视频数据可以实况且详细地描述领域中的常见场景,如描述智能安防中的安保现场人流、自动驾驶中的道路行驶实况、新零售中的店铺客流分析等,这些数据能帮助各个领域建立它们所需的基于深度学习的应用程序。

　　视频数据标注有 2 种标注方法,分别是单一图像法和连续帧法。

　　1)单一图像法

　　单一图像法会提取视频中的所有帧,然后使用图像标注技术把它们当作图像来进行标注。该种标注方法相对比较费时,标注效率不高,在自动化工具面世之前,单一图像法是市面上最主流的方法。

　　2)连续帧法

　　连续帧法是使用自动化工具来分析前一帧和后一帧中的像素,逐帧自动跟踪需要标注的对象和位置,从而保持所捕获信息的连续性和流畅性。该种方法极大地简化了视频数据标注的过程,是现在市面上最常用的标注方法。

技能点 2　标注工具的安装

　　Computer Vision Annotation Tool(CVAT)是一款由 Intel 公司开发,使用 Python 语言编写,现属于 OpenCV 的交互式视频和图像标注工具。该工具在 Windows 平台可使用 Docker

进行部署并使用，Docker 是一个开源的应用容器引擎，让开发者可以打包应用并进行发布。Docker 的下载地址为 www.docker.com，在该页面中点击 Download Docker Desktop 按钮即可开始下载，如图 4-2 所示。

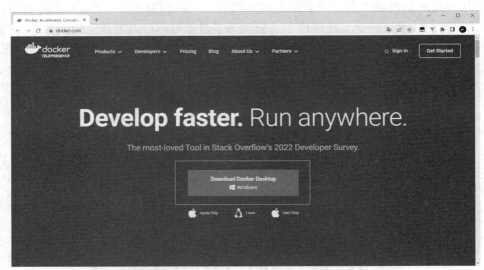

图 4-2　Docker 下载页面

下载完成后，还需先安装 Hyper-V 才可进行 Docker 的安装，Hyper-V 是微软自带的虚拟机，类似于 VMWare 或 VirtualBox。打开 Windows 系统的控制面板，在控制面板中的功能和程序页面，点击启动或关闭 Windows 功能，点击后会弹出 Windows 功能选择页面。如图 4-3 所示。

图 4-3　选择启动或关闭 Windows 功能

在 Windows 功能页面中，勾选 Hyper-V 及其下属所有节点，如图 4-4 所示，然后点击确定，即可完成 Hyper-V 的安装。

安装完 Hyper-V 后，即可双击下载的 Docker 安装文件开始 Docker 的安装，安装过程需选择的勾选内容如图 4-5 所示。

安装完成后，双击桌面出现的 Docker Desktop 快捷方式即可开始使用 Docker，首次打开会出现如图 4-6 所示的弹窗，选择 Accept 即可。

图 4-4　选择 Hyper-V 安装

图 4-5　Docker 安装程序

Docker Subscription Service Agreement

By selecting **accept**, you agree to the Subscription Service Agreement, the Docker Data Processing Agreement, and the Data Privacy Policy.

Note: Docker Desktop is free for small businesses (fewer than 250 employees AND less than $10 million in annual revenue), personal use, education, and non-commercial open source projects. Otherwise, it requires a paid subscription for professional use. Paid subscriptions are also required for government entities. Read the FAQ to learn more.

图 4-6　Docker 首次打开

打开 Docker 后，在 Windows 命令提示符窗口中输入 docker version，如图 4-7 所示，如出现 Docker 的版本信息，则证明 docker 运行成功。

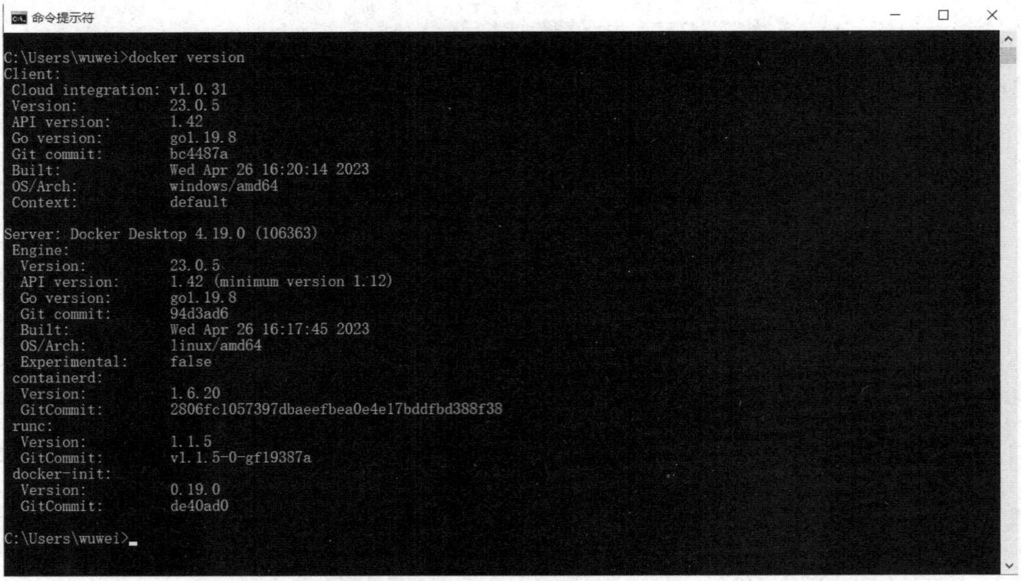

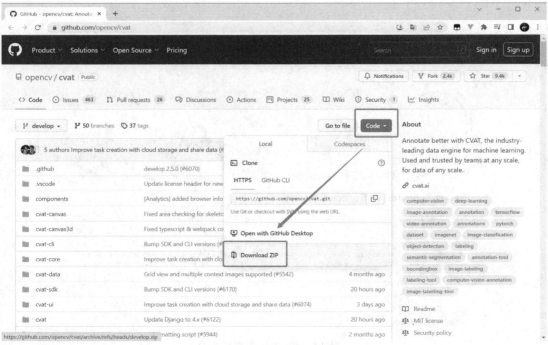

图 4-7　查看 Docker 版本

接下来登录 https://github.com/opencv/cvat，在网页中下载 CVAT 源码进行部署，如图 4-8 所示，点击页面中的 Code，在弹出的窗口中点击 Download ZIP 即可开始下载。

图 4-8　下载 CVAT 源码

下载完成后,将 ZIP 文件解压到电脑中,在 Windows 命令提示符中切换到解压后的目录,并执行如下命令,如图 4-9 所示。

```
docker compose up -d
```

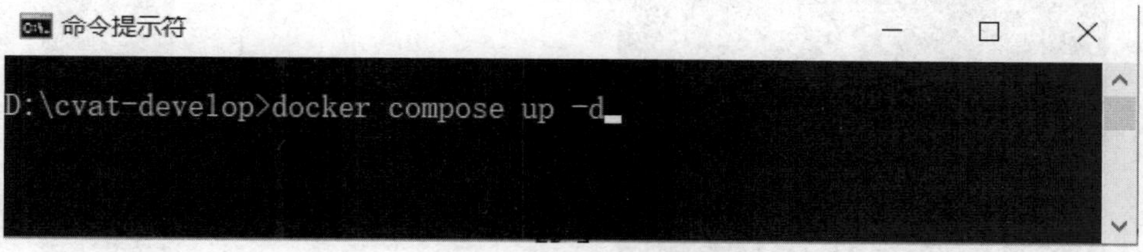

图 4-9 执行命令部署

该命令使 Docker 自动完成包括构建镜像、创建服务、启动服务并关联服务相关容器的一系列操作。输入命令后,等待一段时间,服务创建并启动完成后,会出现如图 4-10 所示的界面。

启动后的 CVAT 运行在本地的 8080 端口上,在浏览器中输入 localhost:8080 即可打开 CVAT,如出现图 4-11 所示页面,则证明 CVAT 运行正常。

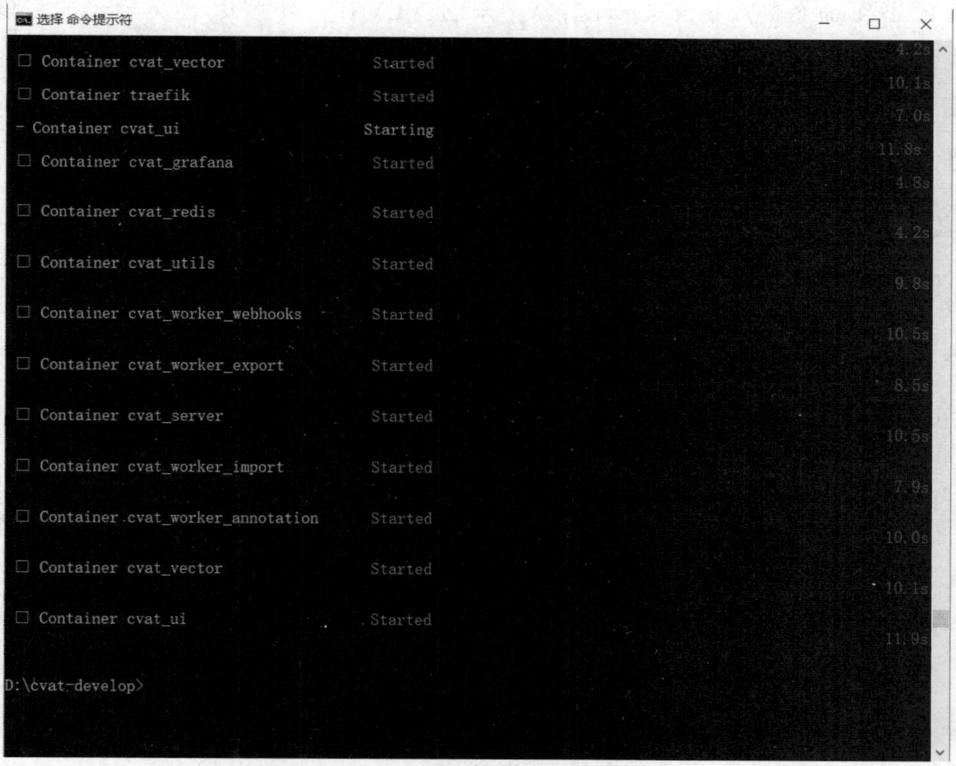

图 4-10 CVAT 服务创建并启动完成

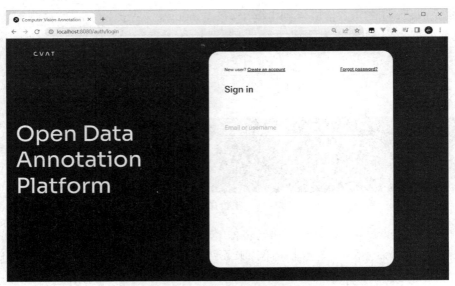

图 4-11　CVAT 运行页面

　　CVAT 在使用前需创建用户，确认 CVAT 运行正常后，在 Windows 命令提示符中使用 Docker 的 exec 命令进入 cvat_server 容器中来创建 CVAT 超级用户，进入容器的完整命令如下：

```
docker exec -it cvat_server bash
```

　　进入容器后，使用如下命令开始创建 CVAT 超级用户：

```
python3 ~/manage.py createsuperuser
```

　　根据提示步骤分别输入超级用户的用户名、Email 地址、密码以及密码确认，用户的密码需设置为 8 位以上且包含数字和字母的密码，如图 4-12 所示。

图 4-12　创建 CVAT 超级用户

　　当提示 Superuser created successfully 时即表示超级用户创建成功，在浏览器中打开 CVAT，并使用创建的超级用户名和密码来进行用户登录，如图 4-13 所示。

图 4-13　登录 CVAT

登录成功后会直接进入到 CVAT 的 Tasks 页面，如图 4-14 所示。

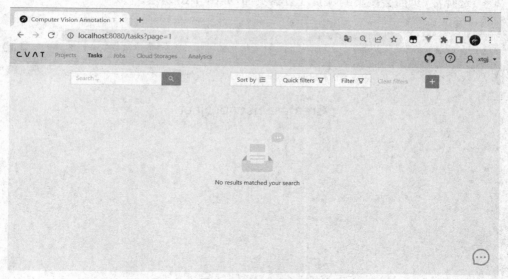

图 4-14　Tasks 页面

技能点 3　标注任务的创建

CVAT 标注的最小单位是 Task，每一个 Task 为一个标注任务，为了更好地管理任务，可创建 Project，每一个 Project 为一个项目，项目中可添加多个任务。

1）创建标注项目

可在 Project 页面中创建项目，如图 4-15 所示，点击页面左上角的 Projects 标签即可进入 Projects 页面，在页面中点击右上方的"+"号，点击后会在下方弹出窗口，选择其中的

"Create a new project"即可开始创建 Project。

图 4-15　创建项目

点击选择后,页面会跳转到项目配置器页面,如图 4-16 所示。

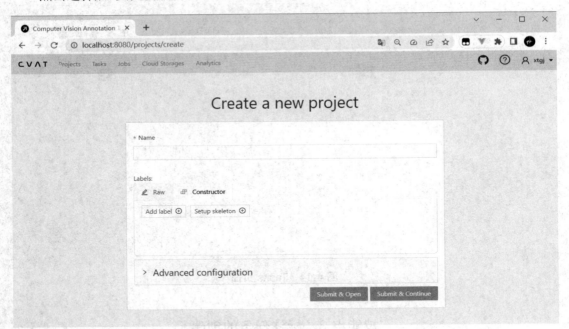

图 4-16　项目配置器页面

页面中需指定以下参数。

● Name

必填参数,需在该参数中输入新项目的名称,如图 4-17 所示。

图 4-17　Name 参数

● Labels

选填参数，为项目添加标注标签，项目中所有任务都会继承项目标签，该标签可在标注时使用，用以描述标注内容。点击参数下方 Constructor 选项卡下的"Add label"按钮即可开始创建标签，如图 4-18 所示。

创建时需输入要创建标签的标签名，图例中的 Car 即为该标签的标签名，表示使用该标签的标注内容是一个汽车；在标签名右侧下拉选项中可将标签的使用限制为特定的形状工具，选择"Any"表示所有工具都可以使用该标签，选择"Rectangle"则限定为只有矩形框工具可使用该标签，其他选项以此类推；再右侧为选择标签的颜色；最右侧的"Add an attribute"按钮是为标签添加一个属性并设置属性的特性。如图 4-19 所示所示。

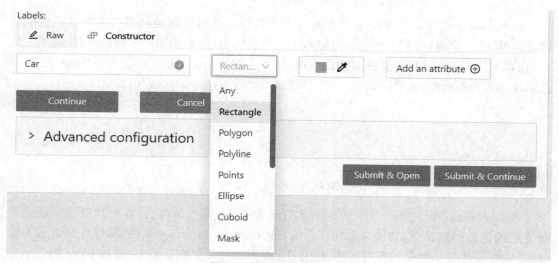

图 4-18　添加 Labels 参数

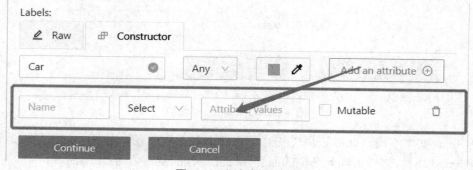

图 4-19　添加标签属性

　　图 4-19 中最左侧框中填写属性名称,名称右侧下拉菜单中为该属性的选择方式,选择方式后方的框中为该属性值的描述框,具体如下。

　　① Select:下拉列表。如果选择 Select 后在属性值字段中添加值"__undefined__",则下拉列表将具有空白值,这种情况主要用于无法明确对象的属性。该属性描述框中可输入下拉列表的可选择值,每输入一个值按回车完成后,可输入下一个属性值,如要删除某个属性值,点击属性值后面的"×"删除按钮或在值后面按退格键,如图 4-20 所示,为 Car 标签创建 type 属性,属性选择方式为下拉列表,属性可选择车辆的类型,可选值为:载客汽车、载货汽车和公交车。

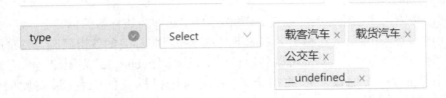

图 4-20　Select 属性值

　　② Radio:单选框。从多个选项中选择一个选项。该属性描述框中可输入单选框的可选值,每输入一个值按回车完成后,可输入下一个属性值,如要删除某个属性值,点击属性值后面的"×"删除按钮或在值后面按退格键,如图 4-21 所示,为 Car 标签创建 color 属性,属性选择方式为单选框,属性可选择车辆的颜色,可选值为:白、黑、红、灰、蓝、绿。

图 4-21　Radio 属性值

　　③ Checkbox:确认框。该种方式只有 True 和 False 两种可选值,此时该属性描述框选择的是确认框的默认值,如图 4-22 所示,为 Car 标签创建 starting 属性,属性选择方式为确认框,属性可选择车辆是否在行驶中,选择 True,则表示车辆在行驶中,选择 False 则表示车辆停车。

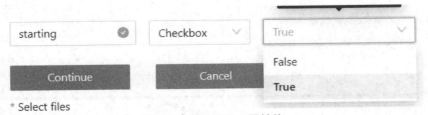

图 4-22　Checkbox 属性值

　　④ Text:文本字段。此时该属性描述框中输入的是默认值。如图 4-23 所示,为 Car 标签创建 brand 属性,属性可输入车辆的品牌,brand 属性的默认值为:未知品牌。

图 4-23　Text 属性值

⑤ Number：数字值。此时该属性描述框中输入的是数字限制，该属性的字段格式为：min;max;step，其中 min 为数字可输入的最小值，max 为数字可输入的最大值，step 为数字的步长，也就是规定了用户只能按照等差数列的方式输入数字，如图 4-24 所示，为 Car 标签创建 time 属性，属性可输入车辆进入视频画面的时间，最小输入值为 1 s，最大输入值为 60 s，步长为 1 s。

图 4-24　Number 属性值

属性设置的最后方为"Mutable"选择框，其功能是设置属性是否为可变属性，当该选择框被勾选时为可变属性、不勾选时为不可变属性。可变属性是临时的，可以在帧与帧之间发生变化，例如示例中的 starting、time 属性；不可变属性是唯一的，不会在帧与帧之间发生变化，例如示例中的 type、color、brand 属性。如图 4-25 所示。

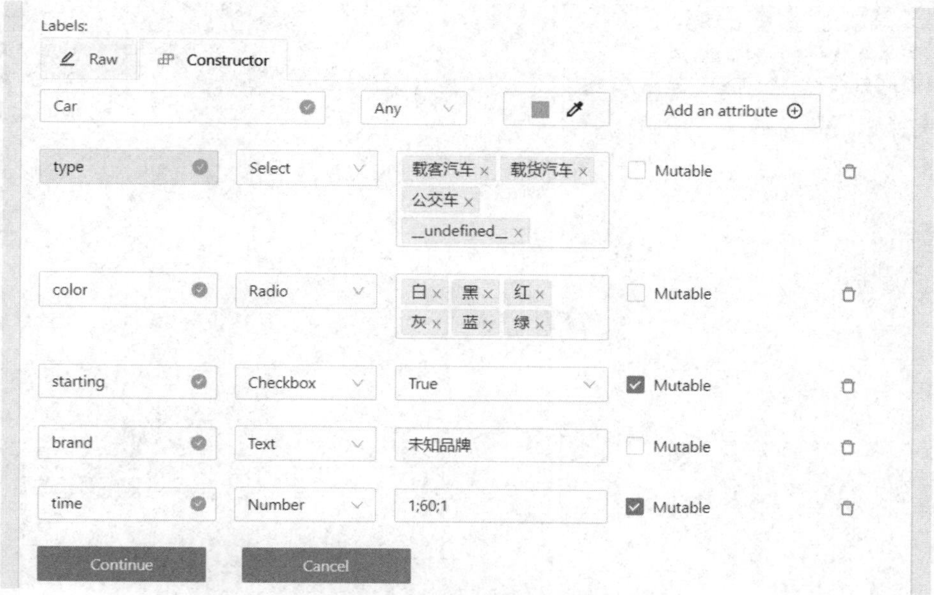

Labels:

| ✎ Raw | ⊞ Constructor |

| Car | ✓ | Any ∨ | ■ ✎ | Add an attribute ⊕ |

type	✓	Select ∨	载客汽车 × 　载货汽车 × 公交车 × __undefined__ ×	☐ Mutable	🗑
color	✓	Radio ∨	白 × 　黑 × 　红 × 灰 × 　蓝 × 　绿 ×	☐ Mutable	🗑
starting	✓	Checkbox ∨	True	☑ Mutable	🗑
brand	✓	Text ∨	未知品牌	☐ Mutable	🗑
time	✓	Number ∨	1;60;1	☑ Mutable	🗑

Continue　　Cancel

图 4-25　Mutable 选择框勾选

添加完成后，点击"Continue"按钮即可完成标签的创建，如图 4-26 所示，创建的标签 Car 显示在 Labels 属性中。当所有参数添加完毕后，点击"Submit & Open"按钮即可完成任务的创建。

图 4-26　标签设置完成后

创建完成的项目如图 4-27 所示，要开始在 CVAT 中进行注释，用户需要创建一个注释任务并指定其参数，点击图中框出的蓝色"+"号，会在下方弹出窗口，选择其中的"Create a new task"即可在项目中创建注释任务。

图 4-27　项目页面

2）创建标注任务

还可以在 Task 页面中创建标注任务，点击页面左上角的 Task 即可进入任务 Tasks 页面，在 Tasks 页面中点击右上方的蓝色"+"号，如图 4-28 所示，点击后会在下方弹出窗口，选择其中的"Create a new task"即可开始创建任务。

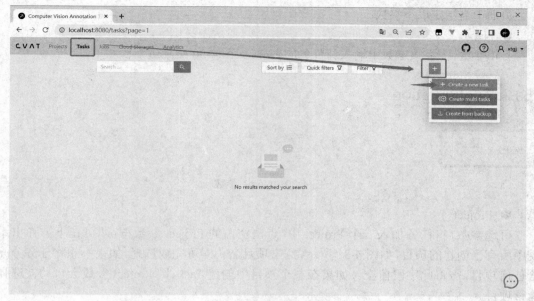

图 4-28　创建任务

点击选择后,页面会跳转到任务配置器页面,如图 4-29 所示。

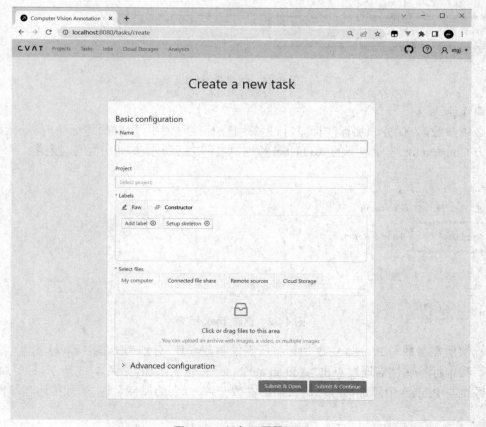

图 4-29　任务配置器页面

页面中需指定以下参数。

● Name

必填参数，需在该参数中输入新任务的名称，如图 4-30 所示。

图 4-30　Name 参数

● Project

可选参数，将任务加入一个 Project 中，点击空白的 Project 参数框，即可在下方弹出系统中所有已创建的项目，如图 4-31 所示，点击项目名称即可完成选择，如果不想将任务分配给任何项目，需将此字段留空。如果在某个项目中创建 Task，则 Project 参数会自动被选择为该项目。

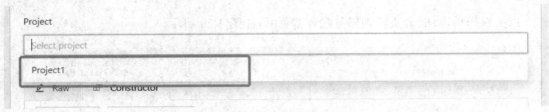

图 4-31　创建 Project

● Labels

必填参数，为任务添加标注标签，该标签可在标注时使用，用以描述标注内容。点击参数下方 Constructor 选项卡下的 Add label 按钮，如图 4-32 所示，即可开始创建标签。

图 4-32　创建 Task 标签

标签所需参数与 Project 中添加标签所需的参数一致，分别为标签名称、标签类型、标签属性。其中标签属性需通过点击"Add an attribute"按钮来添加，如图 4-33 所示，标签属性所需参数也与 Project 中添加标签属性所需的参数一致，分别为属性名称、属性描述和属性值。

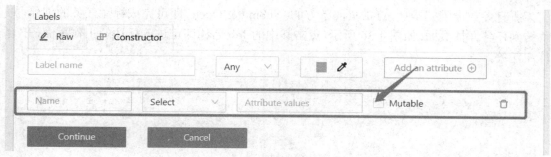

图 4-33　设置 Task 标签

标签参数添加完成后，点击 Continue 按钮即可完成属性添加，如果在 Project 参数中选择了一个项目，则任务的 Labels 会全部继承项目中的标签，并且不能再进行设置，如图 4-34 所示。

图 4-34　Task 标签继承

● Subset

可选参数，Project 参数中选择项目后出现，将任务加入到一个项目子集中，一般用于分类。

● Select files

必选参数，使用此选项从电脑中选择需标注的文件，单击选择文件或将文件拖到中间区域即可完成添加，添加完成后会在中间区域下方显示出已添加的待标记文件，如图 4-35 所示。

图 4-35　选择标注文件

所有参数设置完毕后，点击页面下方的"Submit & Open"即可完成标注任务的创建，并跳转到任务详情页面，如图 4-36 所示，点击其中的 Job 名称即可进入标注的工作页面，开始标注任务。

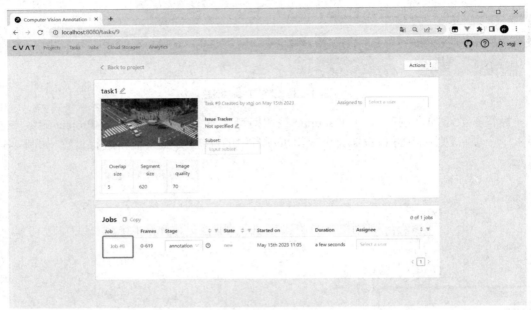

图 4-36　任务详情页面

技能点 4　标注工作页面

标注工作页面分为 4 个部分，分别是顶部导航区、控制侧边栏、对象侧边栏和工作区，如图 4-37 所示。

图 4-37　标注工作页面

下面分别介绍各部分在标注工作中常用的功能。

1）顶部导航区

顶部导航区的常用功能有以下几种。

● 菜单按钮

如图 4-38 所示，菜单按钮可打开标注工具的主菜单，可执行的功能如下。

（1）Upload Annotations：上传注释，用于将注释文件上传到任务中。

（2）Export as a dataset：导出数据集，以支持的格式从任务中导出并保存数据集。

（3）Remove Annotations：批量删除注释，点击后如图 4-39 所示，单击"Delete"后，当前任务中的注释将全部被删除。如果需要进行范围删除，可点击"Select range"并填写帧数值来删除范围帧上的注释，如果勾选" Delete only keyframe for tracks"，那么只有关键帧将被删除。

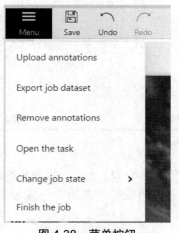

图 4-38 菜单按钮

图 4-39 批量删除注释

（4）Open the task：打开任务详情页面。

（5）Change job state：更改任务的状态，可使用的状态有 new、in progress、rejected、completed 4 种。

（6）Finish the job / Renew the job：点击"Finish the job"，任务阶段和状态相应地更改为 acceptance 和 completed。此时再打开任务并点击菜单按钮，"Finish the job"会变为"Renew the job"，点击"Renew the job"按钮，任务阶段和状态相应地更改为 annotation 和 new。

● 保存、撤销、重做按钮（图 4-40）

（1）Save 按钮为保存按钮，点击后会保存当前任务的注释。

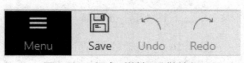

图 4-40 保存、撤销、重做按钮

（2）Undo 按钮会撤销上一步执行的操作。

（3）Redo 按钮会重做上一个被撤销的操作。

● 播放器部分

图 4-41 圈出的按钮从左到右为：转到第一帧按钮与转到最末帧按钮，点击转到第一帧按钮，任务会跳转到视频的第一帧；点击转到最末帧按钮，任务会跳转到视频的最后一帧。

图 4-42 圈出的按钮从左到右为：向后跳转预定义步数帧按钮（快捷键为 C）与向前跳转预定义步数帧按钮（快捷键为 V），软件预设定的步数为 10 帧，可在账户菜单→ settings →

Player step 中更改,如图 4-43 所示。

图 4-41　第一帧 / 最末帧按钮

图 4-42　预定义步数帧按钮

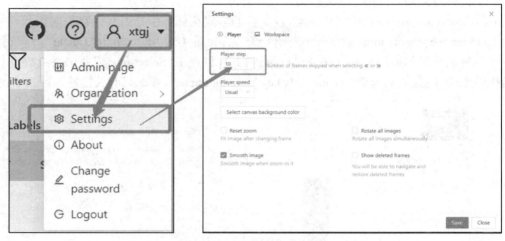

图 4-43　更改预定义步数

　　图 4-44 圈出的按钮从左到右为:上一帧按钮(快捷键为 D)与下一帧按钮(快捷键为 F),步长为 1 帧。右键点击这两个按钮时,会出现如下一帧按钮下方的 3 个按钮选项,它们的作用如下。

　　(1)默认选项,转到上一帧 / 下一帧(步长为 1 帧)。

　　(2)转到具有过滤对象的上一帧 / 下一帧。

　　(3)转到完全没有注释的上一帧 / 下一帧。

　　图 4-45 圈出的按钮为播放按钮,点击后开始正常播放标注视频。

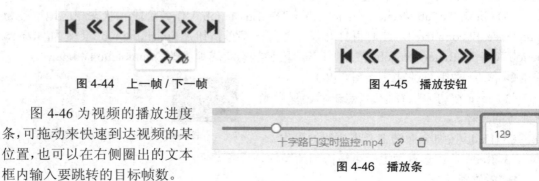

图 4-44　上一帧 / 下一帧

图 4-45　播放按钮

　　图 4-46 为视频的播放进度条,可拖动来快速到达视频的某位置,也可以在右侧圈出的文本框内输入要跳转的目标帧数。

图 4-46　播放条

　　● 全屏按钮

　　图 4-47 圈出的按钮为全屏按钮,点击后软件将以全屏模式运行(快捷键为 F11)。全屏按

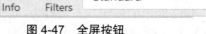

图 4-47　全屏按钮

钮右侧的 Info 按钮为信息统计按钮,点击后会弹出统计信息窗口,框中会呈现包括帧数信息、各标签数量以及标签总数等,如图 4-48 所示。

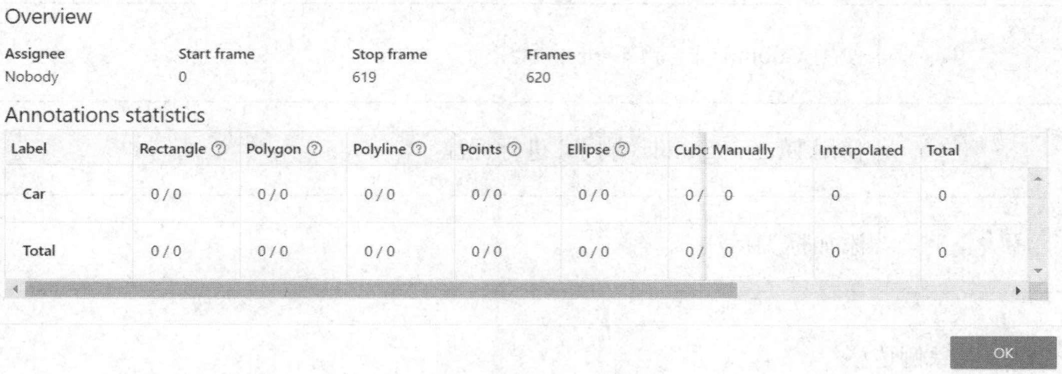

Overview

Assignee	Start frame	Stop frame	Frames
Nobody	0	619	620

Annotations statistics

Label	Rectangle ⑦	Polygon ⑦	Polyline ⑦	Points ⑦	Ellipse ⑦	Cubo Manually	Interpolated	Total
Car	0 / 0	0 / 0	0 / 0	0 / 0	0 / 0	0	0	0
Total	0 / 0	0 / 0	0 / 0	0 / 0	0 / 0	0	0	0

OK

图 4-48 统计信息框

2)控制侧边栏

控制侧边栏主要使用到的工具如下。

 ▶	基本选择工具,可用于选择、拖动工作区内的注释,以及拖动工作区内图像画面移动
 ✛	移动图像工具,用于在无法编辑的情况下移动图像
 ↺ ↺ ↻	顺时针和逆时针旋转当前帧按钮,可在账户菜单→ settings 中启用"Rotate all images"来旋转任务中所有图像
 ▭	使图像适合工作区大小,双击工作区中的图像也可以达到相同效果
 ⊡	放大选定区域工具
 ⣿	使用 OpenCV 来进行辅助标注
 ▭	使用 Rectangle(矩形框)进行标注,可选择 2 点创建矩形或 4 点创建矩形
 ⬠	使用 Polygon(多边形)进行标注,可自定义多边形顶点数量
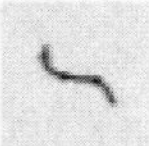 ⌇	使用 Polyline(多线段)进行标注,可自定义线段关键点数量
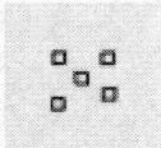 ⁙	使用 Points(多点)进行标注,可自定义描述一个标签的点数量

⊙	使用 Ellipses（椭圆）进行标注
▱	使用 Cuboid（长方体）进行标注
⟋	使用 Brushing tools（刷子）进行标注
◇	添加标签标注

3）对象侧边栏

在对象侧边栏中，可以看到当前帧上标注对象的列表，CVAT 的标注对象有 2 种标注模式，分别是 Shape 和 Track，有关这 2 种模式的区别会在技能点 5 中进行讲解，这 2 种对象在对象列表中的显示效果各不相同，如图 4-49 所示。

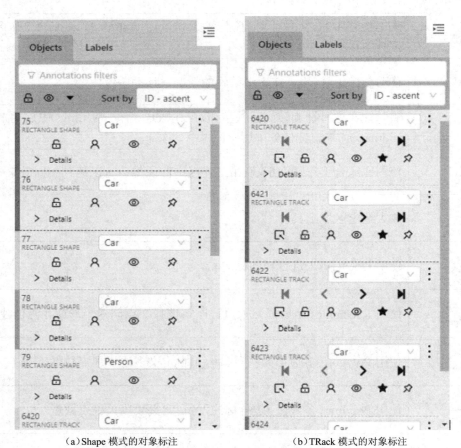

（a）Shape 模式的对象标注　　　　　　　　（b）TRack 模式的对象标注

图 4-49　对象侧边栏

标注对象上按钮的作用如下。

🔓	可以锁定标注以防止其被意外修改或移动
👤	将标注以虚线形式显示在画面中
◎	隐藏或显示标注
📌	固定标注以防止其被意外移动
⌜↖	完成 Track 模式标记
★	标记关键帧

技能点 5　标注过程

CVAT 的标注工具都有 2 种标注模式,分别为 Shape 模式和 Track 模式,以矩形框标注工具为例,将鼠标移动到矩形框标注工具上,左边会弹出工具选择窗口,如图 4-50 所示。

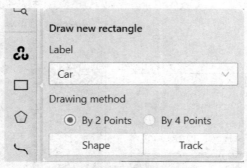

图 4-50　矩形框标注工具

在所有标注工具中都需要选择标注标签 Label,用以表示本次标注的内容;在 Label 下方会选择工具特有的选项,如图 4-50 所示矩形框标注工具,可选择 2 点创建矩形或 4 点创建矩形。在最下方通过"Shape"按钮和"Track"按钮来选择本次标注的标注模式,下面分别介绍这 2 种标注模式。

1)Shape 模式

Shape 模式即形状模式,用于为单一图像画面(单一帧)中的对象创建标注,Shape 模式的标注只存在于当前帧,一般用于以单一图像法来进行标注的任务。

　　以 2 点创建矩形标注为例,点击"Shape"按钮开始标注。首先在画面中点击选择矩形
起始点,如图 4-51(a)所示,接着点击选择矩形的对角点,如图 4-51(b)所示,这样就完成了
一次矩形标注,如图 4-51(c)所示,将鼠标移动到标注图形中,会显示本次标注的属性,如图
4-51(d)所示。

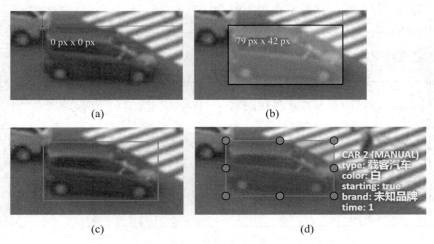

图 4-51　矩形标注

　　标注完成后会在对象侧边栏的 Objects 选项卡中看到当前帧中的标注,如图 4-52 (a) 所
示,点击 DETAILS 按钮,可展开标注的详细信息,如图 4-52 (b) 所示,在详细信息中可通过
更改属性来正确地描述当前标注对象。

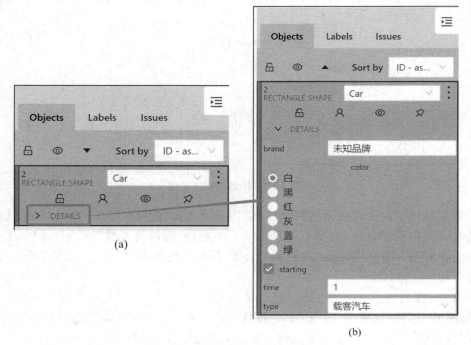

图 4-52　Objects 对象栏

标注完成后,当点击下一帧按钮跳到下一帧后,标注即消失,如图 4-53 所示。

图 4-53 下一帧画面

2)Track 模式

Track 模式即追踪模式,用于为连续帧中的对象创建标注,Track 模式的标注能长时间存在于连续帧视频中,一般用于以连续帧法来进行标注的任务。

同样以 2 点矩形标注为例,在视频 51 帧的位置处,画面下方出现了一辆白色载客汽车,如图 4-54 所示。

图 4-54 标记目标出现

点击"Track"按钮开始标注。首先在画面中使用矩形框标记一个刚刚出现在画面中的车辆,画出的矩形框如果需要旋转,可使用鼠标拉动回转点,也就是矩形框周围的白点,如图4-55 (a) 中箭头标记所示,旋转是围绕矩形的中心完成的,旋转后如图4-55 (b) 所示。

图 4-55　标注框选择

标注完成后会在对象侧边栏的 Objects 选项卡中看到标注对象信息,如图4-56所示,

其中框出的五角星表示该帧是否为关键帧,如果是关键帧,则五角星为实心 ![★],如果是

非关键帧,则五角星为空心 ![☆]。图像中对象第一次被标记时的帧一定为关键帧,如果后续视频中对象开始改变它的位置,只需要更新几个关键帧中的矩形标记框的位置,让标记框在这些帧上标记住对象,那么这些关键帧之间的帧将自动插值,这些被自动插值的帧为非关键帧。

图 4-56　关键帧按钮

如本例中汽车在 51 帧时完整地出现在画面中并被标记为关键帧,那么向前跳转 20 帧,将此帧选为下一个关键帧,此时汽车已经移动出初始的标记矩形框,如图4-57所示。

图 4-57 向前跳转 20 帧画面

此时手动更新标记框的位置,将标记框拖动到被标记车在此关键帧中的位置,并调整标记框的大小,让其符合被标记车辆的大小,如图 4-58 所示。

图 4-58 移动标注框

标记框位置更新完成后,向后跳转 20 帧回到第一个关键帧的位置,在播放视频中会看到标记框跟随着车辆自动移动,并且会根据两个关键帧中标注框大小的不同而缩放,直到71 帧的位置,中间帧标记框位置的移动就是自动插值完成的,如图 4-59 所示,此时为 61 帧时车辆和标记框的位置。

图 4-59　自动插值画面

　　此时对象侧边栏的 Objects 选项卡中标注对象信息如图 4-60 所示,可以看到五角星为空心,表示该帧对于此标注为自动插值生产的非关键帧。

图 4-60　非关键帧

将上述操作一直重复，直到被标注对象即将消失或变得太小，如图 4-61 所示。

图 4-61　对象标记结束画面

此时视频已经到了 201 帧的位置，被标记车辆即将驶离画面，如要结束标记，则点击

Objects 选项卡标注对象信息中的 □ 按钮，也就是图 4-62 中标记出的按钮。

图 4-62　完成标注按钮

点击完成后，□ 按钮变为该样式： ，且标记框消失在画面中，如图 4-63 所示，如此该对象的标记过程就完成了。

图 4-63　标记完成

本任务使用 CVAT 软件的矩形框标注,标记十字路口视频素材中的行人,需标记行人如图 4-64 所示,要求标记该行人从完整出现在画面内到视频结束的所有帧,标记结果用于训练人物跟踪模型。

图 4-64　任务标注目标

第一步:创建标记任务,创建任务标签 Person,并为其添加性别、衣着两个标签,如图 4-65 所示。

第二步:任务创建成功后,开始标注,找到待标注目标首次完整出现在画面中的帧,并使用矩形框的 Track 模式对其进行标注,此时是视频的第 10 帧,如图 4-66 所示。

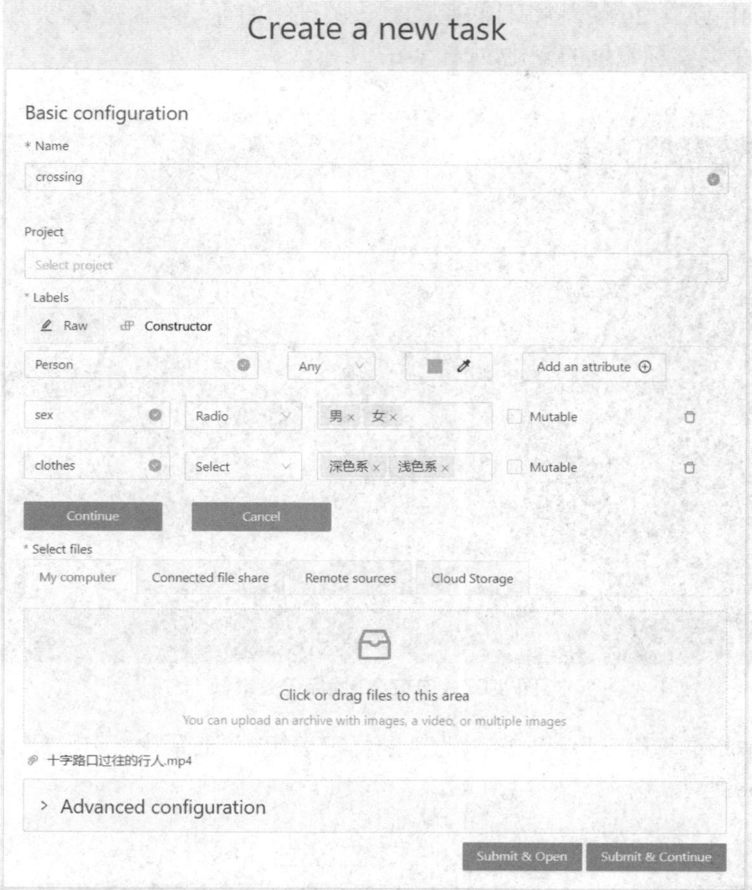

Create a new task

Basic configuration

* Name

crossing

Project

Select project

* Labels

✎ Raw　　⊞ Constructor

| Person | ✕ | | Any ∨ | | ▣ ✐ | | Add an attribute ⊕ |

| sex | ✓ | Radio ∨ | 男 ✕ 女 ✕ | ☐ Mutable | 🗑 |
| clothes | ✓ | Select ∨ | 深色系 ✕ 浅色系 ✕ | ☐ Mutable | 🗑 |

[Continue]　　[Cancel]

* Select files

My computer　　Connected file share　　Remote sources　　Cloud Storage

🗀

Click or drag files to this area

You can upload an archive with images, a video, or multiple images

🔗 十字路口过往的行人.mp4

> Advanced configuration

[Submit & Open]　[Submit & Continue]

图 4-65　创建任务

图 4-66　标注第一个关键帧

第三步：向前跳转 20 帧，将标注框移动到该关键帧的标记对象位置，并根据对象在画面中大小的变化来调整标记框的变化，如图 4-67 所示。

图 4-67　向前 20 帧标记关键帧

第四步：不断重复第三步，以 20 帧为间隔标记关键帧，直到待标记对象离开画面或视频结束，如图 4-68 所示。

图 4-68　视频结束

第五步：将视频进度条拉回起始点，从初始帧开始播放视频，观察标记框在非关键帧是否贴合标记对象，如在某些帧差距过大，则在这些帧附近添加关键帧进行修复，如图 4-69 所示。

图 4-69　调整插值帧标注框

第六步：导出标记数据，如图 4-70 所示。

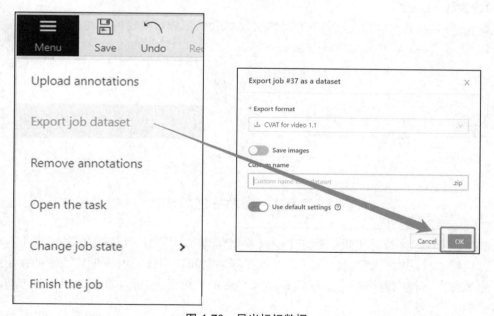

图 4-70　导出标记数据

任务二　使用 CVAT 软件进行数据的算法辅助标注

随着互联网的蓬勃发展以及技术进步的需求，各大企业对数据标注的要求会越来越高，与计算机视觉相关的数据标注需求量也将持续增加,为了使标注人员更好、更快地完成标注任务,基于人工智能算法的自动化工具被应用于视频标注过程中。与视频连续帧标注相比,算法辅助标注的区别在于标注的方式和流程。在视频连续帧标注中,标注人员需要逐帧观察视频并进行标注,这是一个相对烦琐和耗时的过程。而在算法辅助标注中,可以利用计算机视觉算法和技术来自动或半自动地完成部分或全部的标注任务。

在动物研究中,很重要的一项内容是研究动物的运动和行为,但是,如果采用视频记录方式来追踪动物的运动,那么需要在研究对象身体的预定点上放置标记物,而标记物可能干扰研究目标的行为,因此需要使用视频数据准确记录指定动物的运动轨迹。某公司依据情况需求计划研发动物跟踪检测系统,应用于动物研究领域,要求标记视频素材中的熊猫,使用 CVAT 视频标注软件的自动路径追踪功能标注动物对象,并在任务实施过程中,熟悉基于算法的视频标注功能。

● 使用 CVAT 视频标注软件的自动路径追踪功能完成对动物的标注
● 使用 CVAT 软件导出标注数据

技能点 1   辅助标注绘制

CVAT 视频标注软件提供了基于 OpenCV 的辅助标注工具,OpenCV 是另一个包含许多计算机视觉算法的开源项目,该工具可以在标注期间使用计算机视觉算法辅助使用者进行标注工作。在控制侧边栏中将鼠标移动到 OpenCV 按钮上,可以看到如图 4-71 所示的 3个选项卡。

图 4-71   OpenCV 按钮

在视频标注过程中，Drawing 功能与 Tracking 功能可以良好地辅助使用者自动化地实现视频标注功能。Drawing 功能的作用是，使用 OpenCV 算法辅助多边形标注的绘制，通过放置点并在点之间自动绘制线来创建多边形，在下拉菜单选择标注标签后，点击下方的 ✂ 按钮，即可开始标注的绘制，如图 4-72 所示。

图 4-72　辅助标注功能画框

选择起始点，点击后沿待标注对象拉动，可看到有选框自动沿标注对象轮廓进行标注绘画，如图 4-73 所示。

图 4-73　自动绘制

　　自动标注绘画只能保证在起始点一定范围内准确,可在准确范围内选择下一点为中继点来扩展绘图范围,如图 4-74 所示,图中箭头所指的点就是中继点,可以看到标注轮廓沿中继点继续准确延伸。

图 4-74　确定中继点

　　通过不断添加中继点,完成整个标注对象的标注,如图 4-75 所示。

图 4-75　完成对象绘制

全部轮廓自动绘制完成后,点击屏幕左上角的 Done 按钮,如图 4-76 所示,即可完成绘制。

图 4-76 结束绘制

技能点 2 自动标注功能

该功能的作用是以 Tracker 算法来对标注对象进行自动路径追踪,其使用方式如下。如图 4-77 所示,在视频 141 帧的位置处,画面下方出现了一辆白色载客汽车。

图 4-77 标注对象出现画面

在 OpenCV 功能窗口中切换到 Tracking 选项卡,选择标注标记,CVAT 自带的路径追踪算法为 TrackerMIL,该算法可以自动注释视频上的对象,在视频移动到下一帧时自动跟踪所有标记的对象。

点击 Track 开始标注,如图 4-78 所示。

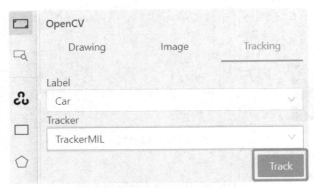

图 4-78　开始绘制按钮

TrackerMIL 是以矩形框的方式来标注对象并对对象进行自动追踪的，如图 4-79 所示。

图 4-79　标注自动追踪对象

标注完成后，点击播放键，可以看到屏幕中上方跳出 TrackerMIL，提示一个对象正在被追踪，并且标注框随着标记对象自动追踪移动，如图 4-80 所示。

当对象即将离开画面时，点击 Objects 选项卡标注对象信息中的 按钮，即可完成自动追踪标注。

图 4-80 TrackMIL 提示追踪对象

任务实施

本任务使用 CVAT 软件 OpenCV 的自动追踪标注功能,标记视频素材中的熊猫,如图 4-81 所示,要求标记熊猫从完整出现在画面内到视频结束的所有帧,标记结果用于训练动物运动追踪模型。

图 4-81 任务标注目标

第一步：创建标记任务，并创建任务标签 Panda，如图 4-82 所示。

第二步：任务创建成功后，开始标注，找到待标注目标首次完整出现在画面中的帧，并使用 OpenCV 的 Tracking 功能对熊猫进行标注，如图 4-83 所示。

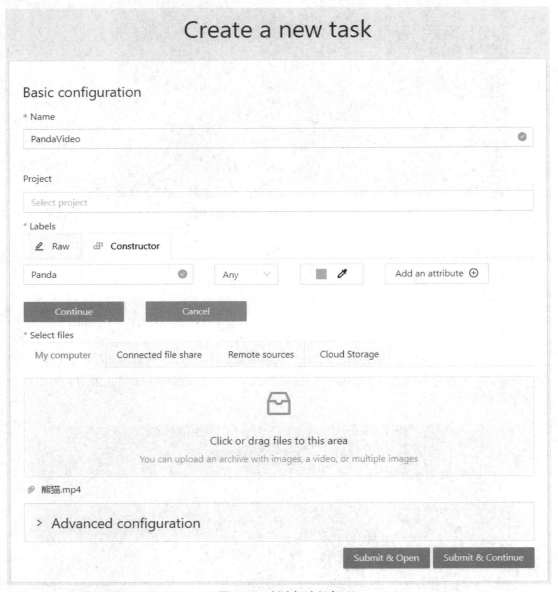

图 4-82　创建标注任务

图 4-83　框选自动标注目标

　　第三步：播放视频,观察自动跟踪标注框的大小是贴合标注对象,如果不贴合,暂停,调整标注框大小,如图 4-84、图 4-85 所示。

图 4-84　调整标记框大小 1

图 4-85　调整标记框大小 2

　　第四步：不断调整标注框大小，直到视频结束或者待标记对象消失在画面中，如图 4-86 所示。

图 4-86　结束标注

　　第五步：导出标记数据，如图 4-87 所示。

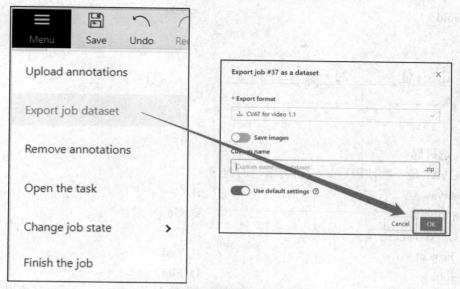

图 4-87　导出标记数据

　　本项目使用 CVAT 视频标注软件,通过连续帧与自动路径追踪的方式完成了视频标注任务,通过这些任务,读者了解了视频标注中的连续帧标注与单一图像标注的区别,熟悉了CVAT 软件的使用,掌握了视频标注的流程和方法。

virtual	虚拟
dataset	数据集
compose	组成
reject	拒绝
constructor	构造函数
acceptance	验收
undefined	未定义的
rotate	旋转
mutable	可变的

cuboid   长方体

一、选择题

1. CVAT 是一款使用（   ）语言编写的程序。

A. Java   B. C++

C. Python   D. Go

2. CVAT 标注的最小单位是（   ）

A. Project   B. Task

C. Jobs   D. File

3. Label 标注标签选择方式为 Select 的属性设置中，勾选 Mutable 选择框代表的是

（   ）

A. 可变属性   B. 不可变属性

C. 可继承属性   D. 不可继承属性

4. Shape 模式一般用于以（   ）来进行标注的任务。

A. 连续帧法   B. 帧图像法

C. 自动标注法   D. 单一图像法

5. ⭐ 按钮的作用是（   ）。

A. 收藏任务   B. 收藏帧

C. 标记关键帧   D. 标记任务

二、填空题

1. Docker 是一个开源的 ____ 引擎，让开发者可以打包应用。

2. CVAT 创建超级用户的命令是 ____。

3. Label 标注标签选择方式为 Select 的属性，其代表空白值的值是 _____。

4. Label 标注标签选择方式为 Text 的属性，属性描述框中输入的是 ____。

5. CVAT 将任务添加到一个项目中，则任务会继承项目中的 ____。

三、简答题

1. 什么是 Track 模式？

2. 如何使用自动标注功能？

项目五 文本数据标注

项 目 导 言

　　自然语言处理是指用计算机对自然语言信息进行处理的方法和技术,它是人工智能领域中的一个重要的方向,研究能实现人与计算机之间用自然语言进行有效通信的各种理论和方法。而文本数据标注就是这些研究工作中非常重要的环节,文本数据标注同时也是数据标注行业中十分常见的数据标注类型之一。

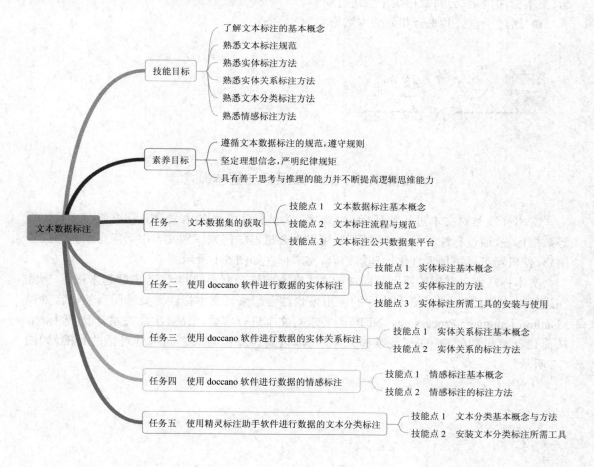

任务一　文本数据集的获取

文本标注主要是用于自然语言处理（Natural Language Processing，NLP），自然语言是人类智慧的结晶，NLP 也是人工智能领域最困难的问题之一。这也不难理解，因为自然语言表达的意思与语境有密切的关系，同样的一句话，语境不同，传递的信息也会大相径庭。

在社会科学研究中，人工智能多应用在数据的分析和处理过程中，尤其是对文本数据的意义挖掘和价值洞察。涉及的文本数据类型多样，包括新闻报道、社交网络信息、历史档案、访谈文字、文献、政策文档等。本任务实现对开源文本数据集的获取，并对文本标注基本概念、文本标注规范、公共数据集平台进行讲解。

● 通过千言公共平台获取文本数据集

技能点 1　文本数据标注基本概念

文本标注是对文本进行特征标记的过程，为其标注具体的语义、构成、语境、目的、情感等数据标签，通过标注好的训练数据，就可以教会机器如何来识别文本中所隐含的意图或者情感，使机器可以更加人性化地理解语言，文本标注如图 5-1 所示。

文本标注难以掌握的原因是同样的文本在不同场合有不同的含义，理解起来很难，因此在进行文本标注时，必须要和实际的应用场景结合起来。文本标注需要按照自然语言处理（Natural Language Processing， NLP）的要求对文本进行实体、情感、实体关系、词性等标注，从而让计算机能处理、理解及掌握人类语言，达到计算机与人之间进行对话的目的，如图 5-2 所示。

图 5-1　文本标注

图 5-2　文本标注的分类

● NLP 基本概念

NLP 分为"自然语言"和"处理"两部分,"自然语言"是指人类历史发展过程中自然形成的一种信息交流的方式,也就是平时用于交流的语言,现在世界上所有的语言都属于自然语言;"处理"指使用计算机来处理,计算机无法像人一样处理文本,需要有自己的处理方式。

因此 NLP 就是计算机通过接收用户自然语言形式的输入,在计算机内部按照人类所定义的算法进行加工和计算等操作,来模拟人类对自然语言的理解,并返回用户所期望的结果。NLP 的目的是用计算机代替人工来处理大规模的自然语言信息,由于语言是人类思维的重要表现形式,因此 NLP 是人工智能的最高境界,被誉为"人工智能皇冠上的明珠",NLP 概念图如图 5-3 所示。

图 5-3　NLP 概念图

技能点 2　文本标注流程与规范

在进行正式的标注前,需了解文本数据标注的相关流程以及标注规范。

1. 文本标注流程

文本数据标注项目的大致流程为:预处理、标注(线上标注、线下标注)、质检、验收数据处理和数据交付。具体到各个步骤,操作流程图如图 5-4 所示。

(1)预处理。根据数据的规范要求,对数据进行算法的初步处理。

(2)标注。根据项目要求,可以将标注分为线上标注(数据 + 平台)和线下标注。

(3)线上标注。将源数据上传到"数据 + 平台",通过互联网进行操作。

(4)线下标注。通过线下小工具或线下文本(TXT、Excel 等)进行操作。

(5)质检。根据数据合格率要求,由理解定义规范的人员对已标注数据进行抽查。

(6)验收。由数据质量中心对质检合格数据进行再次验证。

(7)数据处理。利用技术处理客户需要的格式(如 JSON、UTF-85D 本或 Excel 等)。

(8)数据交付。将数据加密后交付给客户。

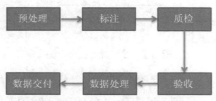

图 5-4　文本数据标注流程图

2. 文本标注规范

文本标注规范是指对文本进行标注时需要遵循的一些规则和标准,以确保标注的准确性、一致性和可重复性。一些常见的文本数据标注规范如下。

1)标注目的和范围

在进行文本数据标注之前,需要明确标注目的和范围,以确保标注的质量和一致性。在进行命名实体识别标注时,需要明确标注实体类型和范围,常见需标注的实体包括时间点、日期、地点、公司、组织机构、人名、职务、金额,如图 5-5 所示。

图 5-5　标注目的和范围

2）标注数据的格式和结构

标注数据的格式和结构应该与所采用的标注工具和平台相兼容，并且需要考虑到后续处理和分析的需求。在进行命名实体识别标注时，需要按照特定的格式和结构来表示实体类型、实体位置等信息，标注文件的数据格式包括 JSON、XML、TXT 等。如图 5-6 所示。

图 5-6　标注数据的格式和结构

3）标注类别和标签

标注类别和标签应尽可能简洁明了，并且需要与数据所涵盖的实体或概念相符合。在进行情感分析标注时，可以使用"正面""负面"和"中性"3 个标签来表示情感。

4）标注数据的一致性和完整性

在进行实体关系标注时，需要确保标注的实体和关系之间的一致性和完整性，以便后续进行关系抽取和分析。

技能点 3　文本标注公共数据集平台

1）千言数据集

千言数据集（https：//www.luge.ai/#/）是全面的面向自然语言理解和生成任务的中文开源数据集合，千言项目已涵盖了 8 大任务、20 余个中文开源数据集，包括开放域对话、阅读理解、机器同传、情感分析、语义解析、信息抽取和文本相似度等，其官网如图 5-7 所示。

图 5-7　千言数据集官网

2）飞桨公开数据集

目前飞桨 AI Studio（https：//aistudio.baidu.com/aistudio/datasetoverview/2/1）平台上已累积了 80 多万个开发者、80 多万个样例工程和数据集、5 000 多个精品课程内容、80 余场 AI 竞赛，并提供海量免费 GPU 算力资源，其官网如图 5-8 所示。

图 5-8   飞桨公开数据集官网

3）中科大新闻分类语料库

中科大新闻分类语料库（http：//www.nlpir.org/wordpress/category/corpus%e8%af%ad%e6%96%99%e5%ba%93/）提供了微博、新闻分类、中国外交部例行记者会等语料库，其官网如图 5-9 所示。

图 5-9   中科大新闻分类语料库官网

● 获取文本标注所需数据集

第一步：通过公共平台获取，访问 https://www.luge.ai/#/ 千言数据集官网，选择所需标注的任务类型。如图 5-10 所示。

图 5-10 公共平台获取数据集

第二步：选取所需的对应数据集，点击进行下载，如图 5-11 所示。

图 5-11 选取所需的对应数据集

第三步：点击该数据集后，点击右上角的下载按钮。如图 5-12 所示。

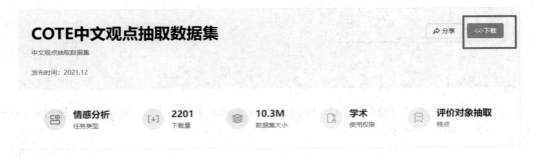

图 5-12　下载

第四步：勾选“使用协议”，点击下载，完成该数据集的下载任务，如图 5-13 所示。

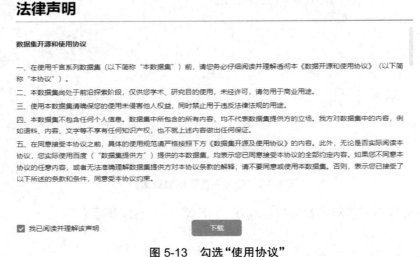

图 5-13　勾选“使用协议”

第五步：使用 WPS 软件打开该数据集的文件，根据数据标注需求逐一检查文本内容，筛选符合数据标注任务需求的文本数据，如图 5-14 所示。

	A	B	C
1	qid	text_a	star
2	0	【正新（金冠店）】位于株洲市芦淞区火车站商圈火车站正对面，地理位置很火，像他们家这种接地气的美食就适合开在人流量大的火车站附近，而且生意特别	4
3	1	平安夜晚上路过附近，搜了点评觉得看起来不错就进去了。感觉像酒吧，灯光七彩摇曳，音乐劲爆，据说酒店后还有乐队驻唱，可惜等到九点半还没看见。排风	3
4	2	非常正宗的日本料理店！早就知道上井日本料理店了，一直没机会去，这一次和老公两人团了两张优惠券，中午去的太原街中兴店，感觉环境不错，干净温馨！	5
5	3	今天非常棒棒嗒，来到阿川吃饭饭，一直就听他们家的名气很大，但是一直未能过品尝一下。今天有幸来试试看。真的很不错\\n他们的环境非常好，里面很大，	5
6	4	让接送的人等了半个小时非常不好意思，来了之后只有我们一桌了。服务非常好，老板亲自帮我们点菜，服务员和老板都不会中文不过有全中文菜单！所有都现	5
7	5	个人感觉一般般的店啦~开在上海路蛮久的，听说很有名，所以一直很想来吃，可能抱的希望太大，所以反而觉得没有那么出色。晚上7点多左右到的，人很多，	3
8	6	这家店的店面还算是比较大的，门口停车位比较少，店里面的灯光感觉有点昏暗啊，装修的有些古香古色的韵味，他家的红烧肉装盘的卖相看着还	4
9	7	铁板烧，其实在哪里都差不多。关键是食材的新鲜度和烧烤时的火候，要同时做好这两点就很不错了。此店紧邻五棵松，新装修过不久，里面环境还可以，客人	4
10	8	对服务非常非常的不满。今天中午入去，门口没人排队。明明有好几张四人桌是空出来的，我想坐，带位的就很牛叉的说被预订了。好，这桌子是刚离开，都未	1
11	9	周日下午三点去的，刚好不用等座！只是这时不能点炒菜了。不好的是这会刚好赶上服务员换班，好半天找不到服务员。鸭血粉丝汤很好喝呀，只是这个环境不	4
12	10	男朋友生日千挑万选终于选了这一家，因为这家可以预约独立房间，可以有买单优惠。我们没有点什么生的料理，只要了个三文鱼腩，我觉得还好，平时吃三文	4
13	11	御荣府火锅位于常发广场对面，很明显的三个大字！大众券85抵100，不能用于锅底，饮料，调料！环境很好，干净整洁，楼上包厢需要7人以上才可以订！下班	4
14	12	来北京第一天，搜索附近美食，按照口味最佳排序，MS这家店的口碑不错，于是去完蜡像馆就来拿票，没想到已经前面53桌了！想说叫号真心是慢，前门大街都	3
15	13	这家的欧麦，地理位置毫无疑问的已经很中心了哦，就在小南门的城开天桥那里，这里来的人感觉已经很多了。很多人都来这里买面包买蛋糕的了。感觉这里还	3
16	14	单位在这附近，所以经常来吃的。店面就在人民路白塔西路路口，很容易找，周围也有停车的地方，交通便利。以前对肯德基的印象就是快餐而已，现在觉得整	4
17	15	麻辣香锅我觉得拿渡的口味还是不错的，而且经常有团购，也是比较优惠的。之前都是我们自己吃，会点微辣的，感觉刚刚好，国庆期间这次是带孩子去蓝调庄	5
18	16	朋友的店，非常赞！私人会所，就在黄浦江边，靠近杨家渡渡口，看到渡口旁边的小别墅就是了！门口有个漂亮的石牌1918，晚上打了灯光很漂亮的~\\n来这	5
19	17	份量超多的 菜品也非常新鲜 锅底一端上来就把持不住 绝对正宗的重庆火锅 因为我是重庆的很清楚啦 是真的很香 ～ 而且服务员 传菜员都是重庆的 让我们	5
20	18	大半夜的想吃烧烤，没忍住就起身去吃啦，店在水围村里，不过大众点评的地址可能有误，用了导航却在水围里绕了两圈，最后打电话给商家告知在路的尽头才	4
21	19	很少写点评，这次忍不住了。大年初一亲戚做寿，第一次听到这个名不经传的饭店，就在二号线梁溪大桥那里，交通方便。菜品说实话中规中矩，没有多大特色	5

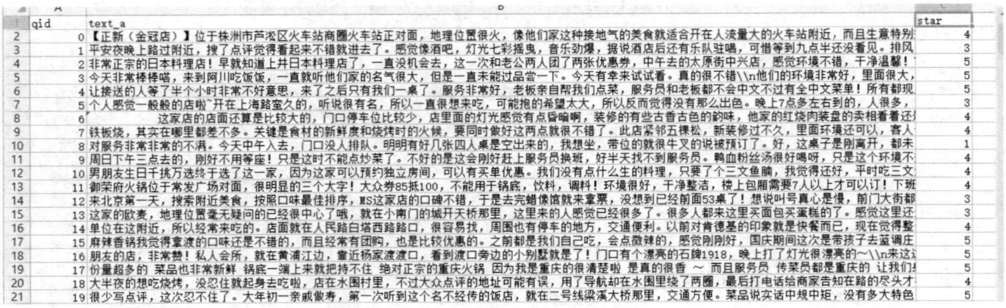

图 5-14　数据集图

任务二　使用 doccano 软件进行数据的实体标注

实体标注用于命名实体识别,其目的是识别出文本里的专有名词属于哪一类。命名实体识别(Named Entity Recognition,简称 NER),是指识别文本中具有特定意义的实体,主要包括人名、地名、机构名、专有名词等。简单地讲,就是识别自然文本中的实体指称的边界和类别。

电子病历产生于临床治疗过程,其中命名实体反映了患者健康状况,包含了大量与患者健康状况密切相关的医疗知识,可以辅导医生进行诊断决策。某公司依据情况需求计划研发医疗信息管理系统,用于病历信息识别领域,要求使用 doccano 文本标注软件对病例中的实体进行标注,并在任务实现过程中,对 doccano 软件标注方法进行了解。

● 通过 doccano 软件创建数据集
● 通过 doccano 软件进行实体标注
● 通过 doccano 软件导出数据集

技能点 1　实体标注基本概念

实体标注需要将一句话中的实体提取出来,如电视、足球、门等。有时候还需要划分这句话的类别,如音乐、百科、新闻等,或者是标注出文本中的动作指令(开门、播放等),如图 5-15 所示。

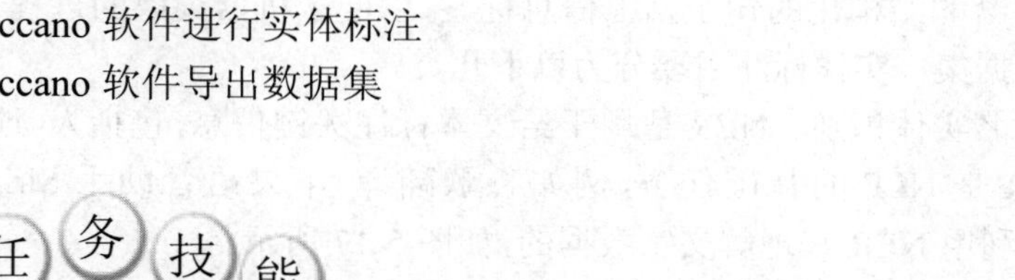

又经过3个月艰苦航行,船队从南美越过关岛,来到菲律宾群岛。这段航程再也没有遇到一次风浪,海面十分平静,原来船队已经进入赤道无风带。饱受了先前滔天巨浪之苦的船员高兴地说:"这真是个太平洋啊!"从此,人们把美洲、亚洲、大洋洲之间的这片大洋称为"太平洋"。

图 5-15　实体标注

技能点 2　实体标注的方法

通常情况下命名实体可以分为三大类:实体类、时间类、数字类;以及 7 个小类:人名、地名、组织机构名、时间、日期、货币、百分比。在识别数量、时间、日期、货币这些小类别实体时,可以采用模式匹配的方式获得较好的识别效果,难点在于人名、地名、组织机构名,因为这三类实体名称结构复杂,因此研究方向主要以这三类实体名称为主。

例如:张三于 2020 年购买了一台计算机。

这句话里有一个人名:张三,一个数字:一,一个设备:计算机,一个年代:2020 年。

经过实体命名处理后,这句话的实体都会被标注出来:【张三】(名字)于【2020】年(年代)购买了【一】(数字)台【计算机】(设备),如图 5-16 所示。

张三于 **2020** 年购买了 **一** 台 **计算机**。
·名字　·年代　　　　·数字 设备

图 5-16　实体标注

实体标注是给非结构化的句子贴上信息标签,以便于机器读取的过程。通常应用于聊天机器人训练数据集。实体标注主要分为以下几类。

(1)NER 命名实体识别。NER 适用于给文本标注关键信息,包括人、地理位置、频繁出现的对象。NER 是 NLP 的基础任务,例如谷歌翻译、苹果语音助手 Siri、语法纠正工具 Grammarly 都是利用 NER 来理解文字数据的,如图 5-17 所示。

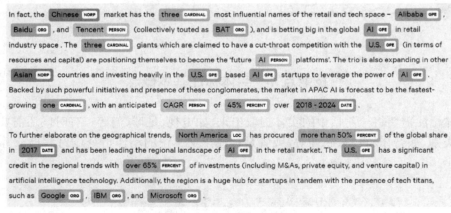

图 5-17　NER 命名实体识别

(2)词性标注。词性标注有助于句法分析以及识别句子成分,例如名词、动词、形容词、代词、副词、介词、连词等,如图 5-18 所示。

标记	词性	标记	词性	标记	词性
ag	形容词性语素	j	简称略语	r	代词
ag	形容词	k	后接成分	s	处所词
ad	副形词（直接作状语的形容词）	l	习用语	tg	时间词性语素
an	名形词（具有名词功能的形容词）	m	数词	u	助词
b	区别词	ng	名词性语素	vg	动词性语素
c	连词	n	名词	v	动词
dg	副词性语素	nr	人名	vd	副动词（直接作状语的动词）
d	副词	ns	地名	vn	名动词（具有名词性质的动词）
e	叹词	nt	机构团体	w	标点符号
f	方位词	nz	其他专词	x	非语素字
g	语素	o	拟声词	y	语气词

图 5-18 词性标注

（3）关键词标注。关键词标注是指对文本数据中的关键词进行定位和标注。为实现模型对文本的进一步清晰化解释，实体标注不仅要将命名实体、词性、关键词融合，而且要重视实体链接技术的使用，即对文本的两个部分之间的关系进行标注的过程，如图 5-19 所示。

图 5-19 关键词标注

技能点 3 实体标注所需工具的安装与使用

Doccano 是一个开源文本标注工具，提供了文本分类、序列标记以及序列到序列任务的标注功能，因此，可以为情感分析、命名实体识别、文本摘要等标注任务创建带标签的数据，如图 5-20 所示。

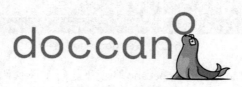

图 5-20 doccano

1）安装 doccano 软件

第一步：在 anaconda3 中创建虚拟 doccano 环境，指定 python=3.9，低于 3.9 会报错，代码如下所示：

```
conda create -n doccano python=3.9
```

运行结果如图 5-21 所示。

图 5-21　创建虚拟 doccano 环境

第二步：在虚拟环境下激活 doccano 环境，代码如下所示：

```
# 进入虚拟环境 doccano
conda activate doccano
```

当括号中变为 doccano 表示激活成功，运行结果如图 5-22 所示。

```
(base) C:\WINDOWS\system32>conda activate doccano

(doccano) C:\WINDOWS\system32>_
```

图 5-22　激活 doccano 环境

第三步：安装 doccano 软件，代码如下第一、二行所示；若安装速度较慢，可以使用如下命令安装 doccano 经（代码三、四行）：

```
# 安装 doccano
pip install doccano
# 使用镜像安装 doccano
pip install -i https://pypi.tuna.tsinghua.edu.cn/simple doccano
```

运行结果如图 5-23 所示。

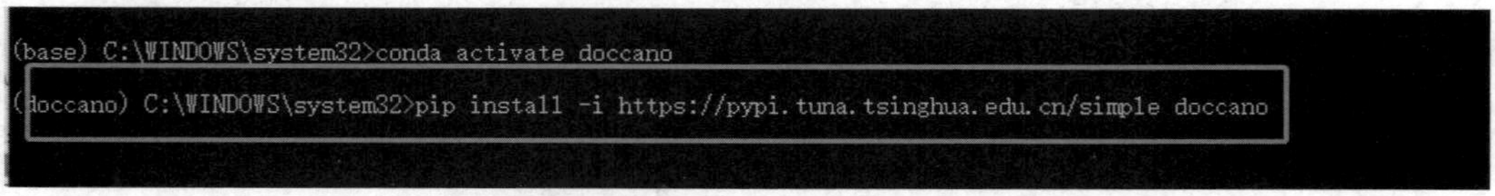

```
(base) C:\WINDOWS\system32>conda activate doccano

(doccano) C:\WINDOWS\system32>pip install -i https://pypi.tuna.tsinghua.edu.cn/simple doccano
```

图 5-23　安装 doccano 软件

第四步：初始化 doccano，在终端 doccano 环境下运行如下代码：

```
conda create -n# 初始化 doccano
doccano init doccano python=3.9
```

运行结果如图 5-24 所示。

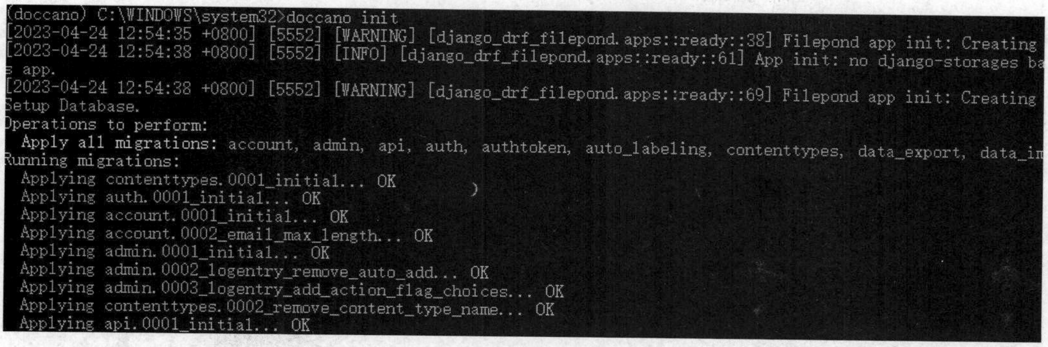

图 5-24　初始化 doccano

第五步：初始化成功后，创建 doccano 用户名和密码，代码如下所示：

```
doccano createuser --username admin --password pass
```

运行结果如图 5-25 所示。

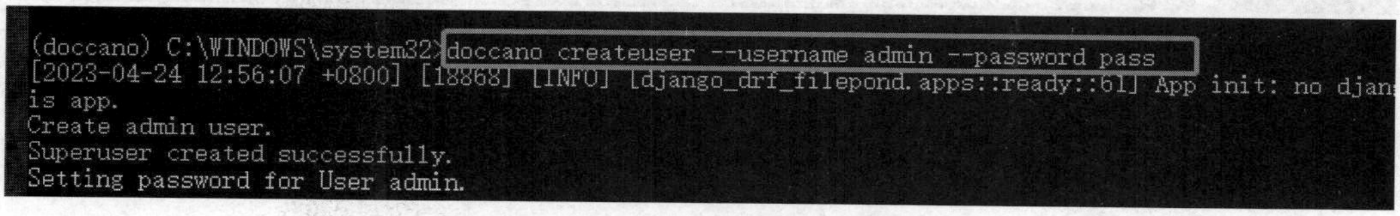

图 5-25　创建 doccano 用户名和密码

第六步：启动 WebServer，代码如下所示：

```
# 启动 WebServer
doccano webserver --port 8000
```

运行结果如图 5-26 所示。

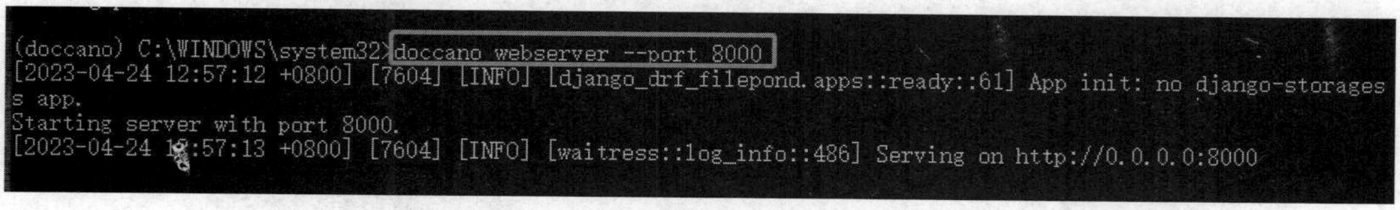

图 5-26　启动 WebServer

第七步：打开另外一个 cmd 命令框，进入到 doccano 环境，运行以下命令启动任务队列，代码如下所示：

```
# 启动任务队列
conda activate doccano
doccano task
```

运行结果如图 5-27 所示。

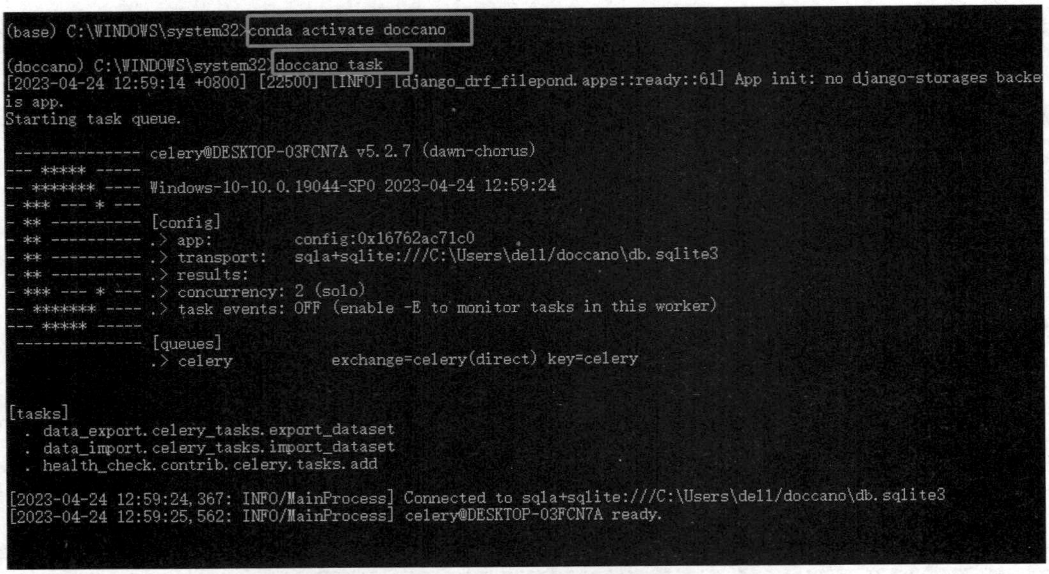

图 5-27　启动任务队列

　　第八步：登录 doccano 数据标注界面，在谷歌浏览器中打开链接 http://127.0.0.1:8000/，运行结果如图 5-28 所示。

图 5-28　登录 doccano 数据标注界面

　　2）使用 doccano 软件进行标注

　　（1）创建项目。项目的类型主要为"序列标注"以及"文本分类"，其中"序列标注"可标注实体以及实体关系，"文本分类"可标注情感以及文本的类别，如图 5-29 所示。

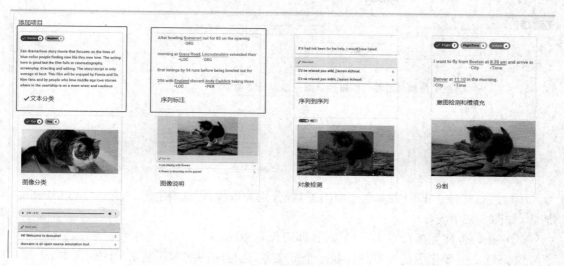

图 5-29　创建项目

（2）上传数据集。doccano 总共支持 4 种格式的文本，如图 5-30 所示，区别如下。

① Textfile。要求上传的文件为 txt 格式，并且在打标时，整个 txt 文件显示为一页内容。

② Textline。要求上传的文件为 txt 格式，并且在打标时，该 txt 文件的一行文字会显示为一页内容。

③ JSONL。JSON Lines 的简写，每行是一个有效的 JSON 值。

④ CoNLL。"中文依存语料库"，是根据句子的依存结构而建立的树库。其中，依存结构描述的是句子中词与词之间直接的句法关系。

图 5-30　上传数据集

（3）创建标签。"标签名"为标注实体的类型，可根据项目需求自行定义；"键"选项为添加该标签对应的快捷键。例如，给 name 设置的快捷键是 n。将来在打标时，右手用鼠标选中段落中的文字（例如"白居易"），左手在键盘按下快捷键 n，就可以把被选中的文字打标成"name"，如图 5-31 所示。

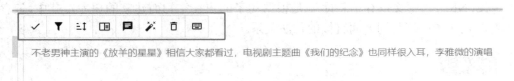

图 5-31　创建标签

（4）进行标注。其中文本框上面的工具，分别为审核、筛选、指南、评论、Auto Labeling、清除，如图 5-32 所示。

①审核。标注完成后点击审核按钮，即可保存成功。

②筛选。主要作用是控制程序显示全部文本、已标注的文本还是未标注的文本。

③指南。显示事先写好的打标指南。

④评论。可以针对某一条文本添加评论。

⑤ Auto Labeling。这个功能需要调用一些 API 来实现，doccano 本身没有自动打标的功能。例如，可以在管理员用户下，通过在项目中添加 Amazon Comprehend Entity Recognition 的 API 信息（例如 aws_access_key）来支持。

⑥清除。清除这一页上所有的标签。

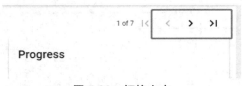

图 5-32　标注工具

（5）切换文本。完成一个文本的打标以后，可切换至上一个或者下一个文本，如图 5-33 所示。

图 5-33　切换文本

● 使用 doccano 软件完成实体标注

第一步：打开浏览器（最好是 Chrome），在地址栏中输入 http://127.0.0.1:8000/ 并回车。首先可以在页面上方切换语言与背景颜色，然后点击中间的蓝色按钮"快速开始"，如图 5-34 所示。

图 5-34　doccano 软件首页

第二步：使用之前创建的超级用户进行登录，如图 5-35 所示。

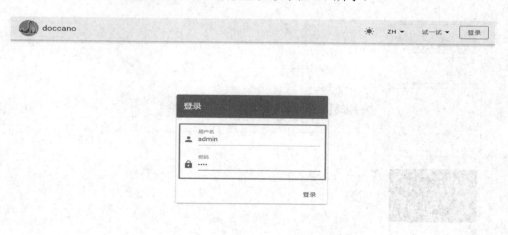

图 5-35　登录界面

第三步：完成登录后，来到"项目"界面。点击左上角的"创建"按钮来创建新的项目；也可以点击"删除"按钮来删除已经创建的项目，如图 5-36 所示。

图 5-36　项目界面

第四步：点击左上角的"创建"按钮，创建一个新的项目，选择项目的类型为"序列标注"，输入项目的名称以及相关描述，勾选"Allow overlapping entity"和"Use relation labeling"选项，最后点击创建按钮，完成项目的创建，如图 5-37 所示。

图 5-37　创建项目

　　第五步：添加语料库，添加数据集，在"数据集"这个页面，可以将准备好的文本添加到项目中，为将来的打标做准备。点击左上角的"操作"→"导入数据集"，如图 5-38 所示。

图 5-38　添加数据集

　　第六步：上传数据集，如图 5-39 所示。

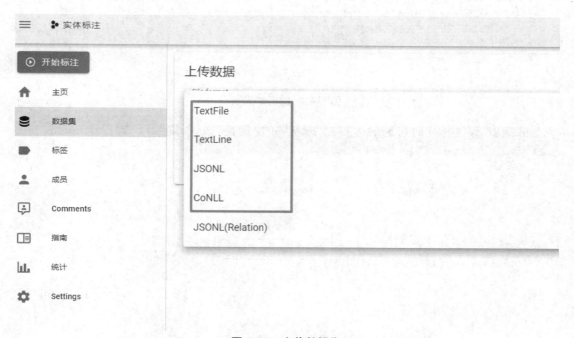

图 5-39　上传数据集

　　这里以 TextLine 格式举例，点击"TextLine 格式"。在跳转到的界面里，设置 File Format 和 Encoding。点击图 5-40 中的"Drop files here..."来上传文件。最后，点击左下角的"导入"将数据集添加到项目中，如图 5-40 所示。

图 5-40　导入项目

再次点击"数据集"的标签,可以看到一条一条的文本已经被添加到项目中了,如图
5-41 所示。

图 5-41　数据集列表

第七步:设置标注时可选的标签,点击左侧的"标签"按钮,继续点击"操作"按钮,如图
5-42 所示。

图 5-42　创建标签

第八步：在下拉菜单中点击"创建标签"按钮，添加 address、book、company、movie、name、disease 等标签，如图 5-43 所示。

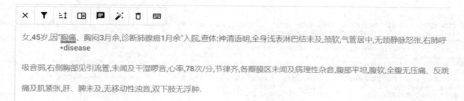

图 5-43　填写标签信息

第九步：进行标注，在打标的界面下，选中句子中的实体，会自动弹出一个下拉菜单，可以从这个下拉菜单中选择相应的实体类型 disease，也可以直接在键盘上按下 d 键，如图 5-44 所示。

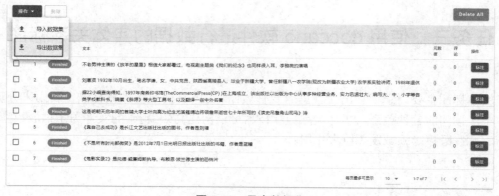

图 5-44　进行标注

第十步：导出标注结果时，用管理员用户登录，在"数据集"页面下，点击"操作"→"导出数据集"，如图 5-45 所示。

图 5-45　导出数据集

第十一步：在弹出的窗口中，根据需要进行设置后，点击导出，即可导出标注结果，如图 5-46 所示。

导出数据

File format

JSONL

```
{
    "text": "Google was founded on September 4, 1998, by Larry Page and Sergey Brin.",
    "entities": [
        {
            "id": 0,
            "start_offset": 0,
            "end_offset": 6,
            "label": "ORG"
        },
        {
            "id": 1,
            "start_offset": 22,
            "end_offset": 39,
            "label": "DATE"
        },
        {
```

图 5-46　设置导出结果

导出的文件中，保存了句子的 ID、句子原文、实体的在句子中的位置、实体的类型，如图 5-47 所示。

{"id":1,"text":"不老男神主演的《放羊的星星》相信大家都看过，电视剧主题曲《我们的纪念》也同样很入耳，李雅微的演唱","entities":[{"id":3,"label":"movie","start_offset":7,"end_offset":14},{"id":4,"label":"name","start_offset":42,"end_offset":45}],"relations":[],"Comments":[]}
{"id":2,"text":"刘惠贤 1932年10月出生，笔名学谦，女，中共党员，陕西省高陵县人，毕业于新疆大学，曾任新疆八一农学院(现改为新疆农业大学)农学系实验讲师，1988年退休","entities":[{"id":5,"label":"name","start_offset":0,"end_offset":3},{"id":6,"label":"company","start_offset":27,"end_offset":33}],"relations":[],"Comments":[]}
{"id":3,"text":"据22小编查询得知，1897年商务印书馆(TheCommercialPress(CP))在上海成立，该出版社以出版为中心从事多种经营业务，实力迅速壮大，编写大、中、小学等各类学校教科书，编纂《辞源》等大型工具书，以及翻译一些中外名著","entities":[{"id":7,"label":"book","start_offset":96,"end_offset":100},{"id":8,"label":"company","start_offset":15,"end_offset":45}],"relations":[],"Comments":[]}
{"id":6,"text":"《不是所有时光都微笑》是2012年7月1日光明日报出版社出版的书籍，作者是蓝瞳","entities":[{"id":14,"label":"book","start_offset":0,"end_offset":11},{"id":15,"label":"name","start_offset":37,"end_offset":39}],"relations":[],"Comments":[]}
{"id":7,"text":"《鬼影实录2》是托德·威廉姆斯执导，布赖恩·波兰德主演的恐怖片","entities":[{"id":16,"label":"movie","start_offset":0,"end_offset":7},{"id":17,"label":"name","start_offset":8,"end_offset":24}],"relations":[],"Comments":[]}
{"id":4,"text":"这是明朝天启年间的首辅大学士叶向高为纪念尤溪籍靖边将领詹荣逝世七十年所写的《读史吊詹角山司马》诗","entities":[{"id":9,"label":"book","start_offset":37,"end_offset":47},{"id":10,"label":"name","start_offset":27,"end_offset":29},{"id":11,"label":"name","start_offset":14,"end_offset":17}],"relations":[],"Comments":[]}
{"id":5,"text":"《靠自己去成功》是长江文艺出版社出版的图书，作者是刘墉","entities":[{"id":12,"label":"book","start_offset":0,"end_offset":8},{"id":13,"label":"name","start_offset":25,"end_offset":27}],"relations":[],"Comments":[]}

图 5-47　导出结果

任务三　使用 doccano 软件进行数据的实体关系标注

实体标注主要用于识别出文本里的专有名词（实体），而实体关系标注主要用来分辨各文本中实体间的各种关系。实体关系标注技术可以构建高效、精确的实体关系抽取模型，在电商、金融、医疗等领域发挥巨大作用。

任 务 描 述

随着互联网的飞速发展，互联网新闻量也呈现爆炸式的增长，容易给用户造成信息过载,人们无法从海量的新闻中快速准确地获取该事件的概况,因而能够快速提取重点信息成为信息推送的重点要求。某公司依据情况需求计划研发新闻信息管理系统,应用于新闻信息识别领域,要求使用 doccano 文本标注软件对新闻中的实体关系进行标注,并在任务实施过程中,对 doccano 软件标注方法进行了解。

● 通过 doccano 标注软件导入文本文件
● 通过 doccano 标注软件进行实体关系标注

技能点 1　实体关系标注基本概念

关系标注就是从一段文本中首先找出实体,然后判断两者之间所存在的实际关系,如人与人之间的"同事"关系、"同学"关系、"师生"关系,再进行标注,如图 5-48 所示。

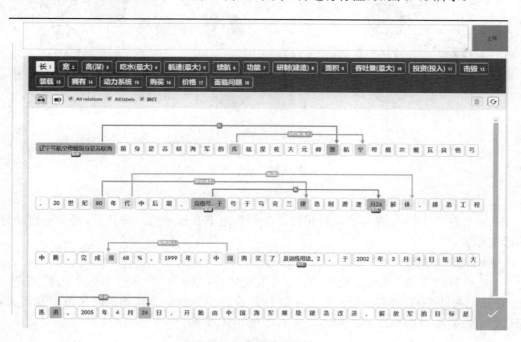

图 5-48　实体关系标注

技能点 2　实体关系的标注方法

在进行实体关系标注前可以利用知识图谱来有效地分析出实体之间的关系,使标注变得更加便捷。

1）知识图谱

知识图谱主要用来描述真实世界中存在的各种实体和概念，以及它们之间的关系，因此可以认为是一种语义网络。从发展的过程来看，知识图谱是在 NLP 的基础上发展而来的。知识图谱和自然语言处理 NLP 之间有着紧密的联系，都属于比较顶级的 AI 技术。

如果两个节点之间存在关系，就会被一条无向边连接在一起，那么这个节点，即称为实体（Entty），它们之间的这条边，即称为关系（Relationship）。知识图谱的基本组成单位是"实体—关系—实体"三元组，以及实体及其相关属性——值对，实体间通过关系相互连接，构成网状的知识结构。

例如，用户提问"北纬 38°56′，东经 116°20′的城市在哪个国家"，机器回答"这个城市是北京，且在中国"，如图 5-49 所示。

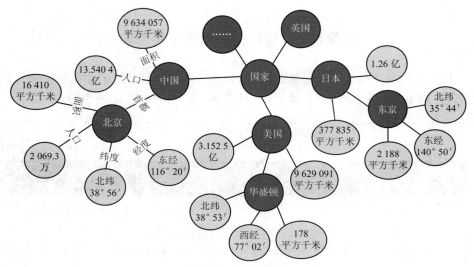

图 5-49　知识图谱

2）实体关系标注的方法

关系标注即对复句的句法关联和语义关联作出重要标示的一种任务，是复句自动分析的形式标记。

例如：张三是李四的徒弟。

"张三"和"李四"代表了两个人，是两个实体，而"徒弟"是两个实体之间的关系。因此，当知识图谱中的全部或部分节点为实体时，会称实际身份为实体的两个节点及其关系，即（实体 1，关系，实体 2），为"实体关系"，如图 5-50 所示。

图 5-50　实体关系标注

● 使用 doccano 软件完成实体关系标注

第一步：在虚拟环境下激活 doccano 环境，代码如下所示：

```
# 进入虚拟环境 doccano
conda activate doccano
```

运行结果如图 5-51 所示。

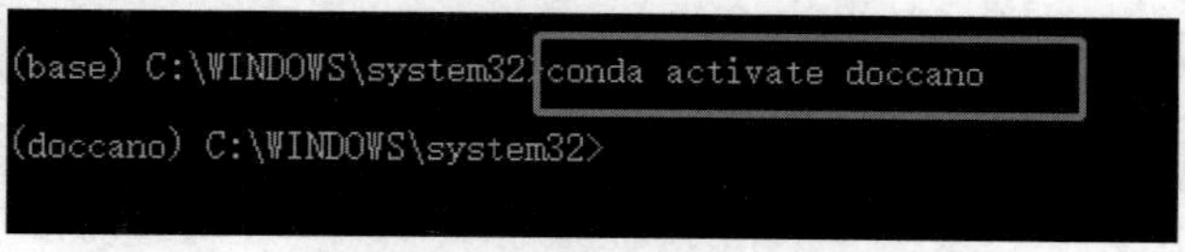

```
(base) C:\WINDOWS\system32>conda activate doccano

(doccano) C:\WINDOWS\system32>
```

图 5-51　激活 doccano 环境

第二步：启动 WebServer，代码如下所示：

```
# 启动 WebServer
doccano webserver --port 8000
```

运行结果如图 5-52 所示。

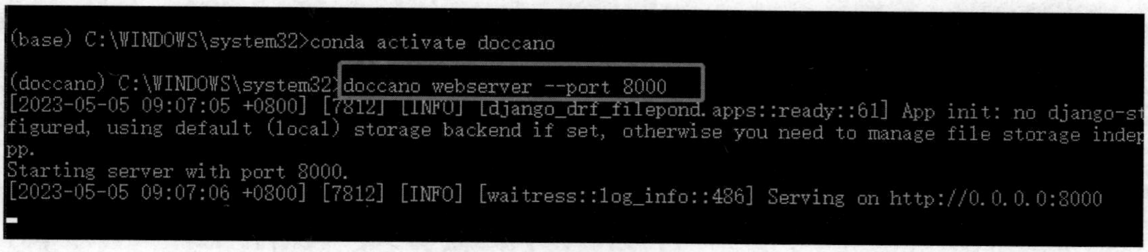

```
(base) C:\WINDOWS\system32>conda activate doccano

(doccano) C:\WINDOWS\system32>doccano webserver --port 8000
[2023-05-05 09:07:05 +0800] [7812] [INFO] [django_drf_filepond.apps::ready::61] App init: no django-st
figured, using default (local) storage backend if set, otherwise you need to manage file storage indep
pp.
Starting server with port 8000.
[2023-05-05 09:07:06 +0800] [7812] [INFO] [waitress::log_info::486] Serving on http://0.0.0.0:8000
```

图 5-52　启动 WebServer

第三步：打开另外一个 cmd 命令框，进入到 doccano 环境，运行以下命令启动任务队列，代码如下所示：

```
# 启动任务队列
conda activate doccano
doccano task
```

运行结果如图 5-53 所示。

图 5-53　启动任务队列

第四步：新建项目"命名实体标注"，项目类型为序列标注，勾选"Use relation labeling"选项，该选项为是否使用关系标注，最后点击创建按钮，完成创建，如图 5-54 所示。

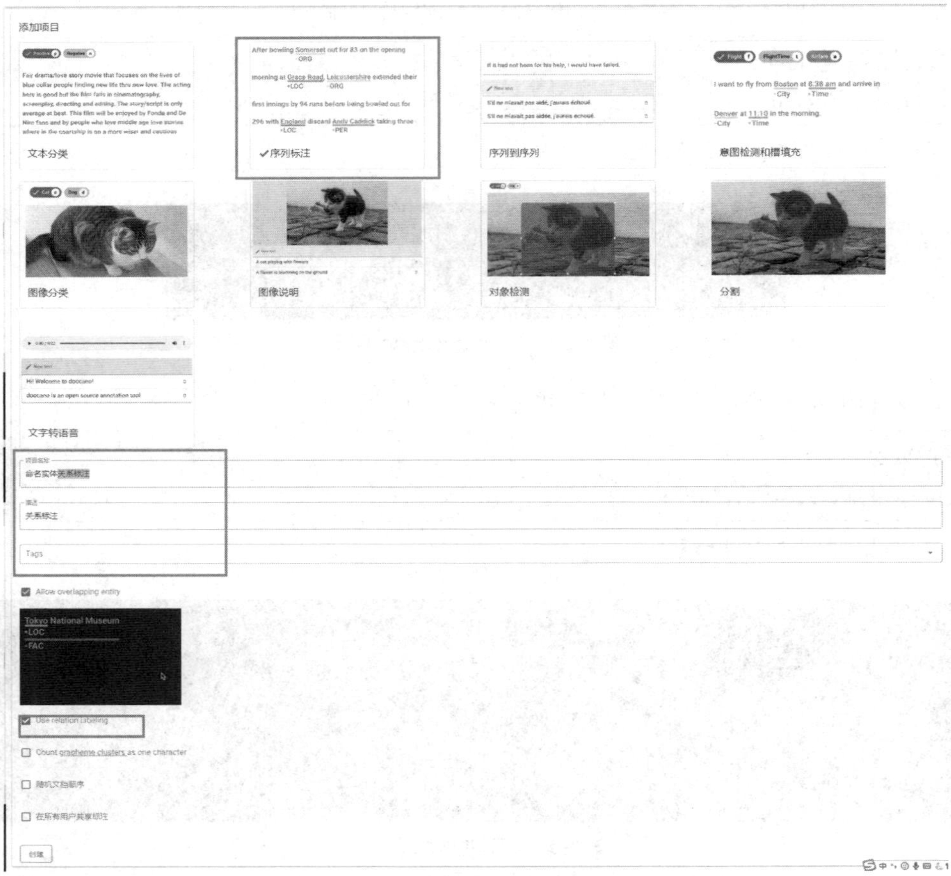

图 5-54　新建项目"命名实体标注"

第五步：添加语料库，添加数据集，在"数据集"这个页面，点击左上角的"操作"→"导入数据集"，添加完成后如图 5-55 所示。

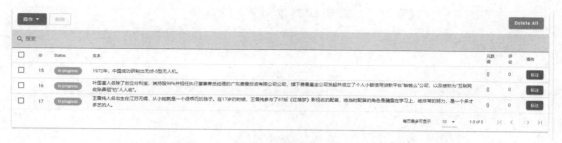

图 5-55　添加数据集

第六步：添加实体关系标签，点击右侧的"Relation"按钮，随后创建标签，如图 5-56 所示。

图 5-56　添加实体关系标签

第七步：在下拉菜单中点击"创建标签"按钮，添加配音、生产、控股、研发等标签，如图 5-57 所示。

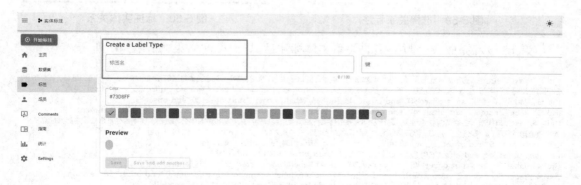

图 5-57　创建标签

第八步：进行标注，在打标的界面下，选中句子中的实体，先进行实体标注，如图 5-58 所示。

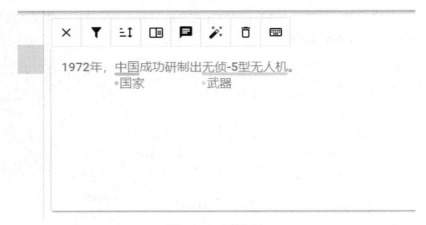

图 5-58　实体标注

第九步：进行实体关系标注，在"Label Types"标签类型中，选择关系标注，并点击所需选择的实体关系"研发"，如图 5-59 所示。

第十步：在标注界面中，使用鼠标选取两个实体，选择完成后实体下方出现两个与实体关系标签颜色对应的点，随后依次点击连接两个点，即可出现实体之间的关系，如图 5-60 所示。

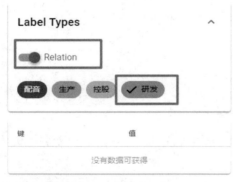

图 5-59　选择关系标注

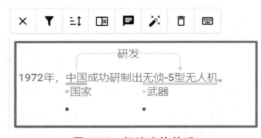

图 5-60　标注实体关系

第十一步：完成各个数据集的关系实体标注后，导出标注结果，如图 5-61 所示。

{"id":17,"text":"王雪纯人名出生在江苏无锡，从小她就是一个很乖巧的孩子。在17岁的时候，王雪纯参与了87版《红楼梦》影视名的配音，她当时配音的角色是睛雯在学习上，她非常的努力，是一个多才多艺的人。","entities":[{"id":34,"label":"人名","start_offset":0,"end_offset":3},{"id":35,"label":"影视名","start_offset":44,"end_offset":49},{"id":36,"label":"name","start_offset":0,"end_offset":3},{"id":37,"label":"name","start_offset":44,"end_offset":49}],"relations":[{"id":3,"from_id":36,"to_id":37,"type":"配音"}],"Comments":[]}
{"id":16,"text":"叶国富人名除了创立分利宝，其持股98%并担任执行董事兼总经理的广东赛曼投资有限公司公司，旗下赛曼基金公司发起并成立了个人小额信用贷款平台"缺钱么"公司，以及被称为"互联网收账鼻祖"的"人人收"。","entities":[{"id":39,"label":"人名","start_offset":0,"end_offset":3},{"id":40,"label":"公司","start_offset":31,"end_offset":41},{"id":41,"label":"公司","start_offset":46,"end_offset":50},{"id":42,"label":"公司","start_offset":68,"end_offset":73},{"id":43,"label":"book","start_offset":46,"end_offset":50},{"id":44,"label":"book","start_offset":68,"end_offset":73},{"id":45,"label":"company","start_offset":31,"end_offset":41},{"id":46,"label":"company","start_offset":0,"end_offset":3}],"relations":[{"id":4,"from_id":43,"to_id":44,"type":"生产"},{"id":5,"from_id":46,"to_id":45,"type":"控股"}],"Comments":[]}
{"id":18,"text":"1972年，中国成功研制出无侦-5型无人机。","entities":[{"id":22,"label":"国家","start_offset":6,"end_offset":8},{"id":23,"label":"武器","start_offset":13,"end_offset":21},{"id":28,"label":"movie","start_offset":6,"end_offset":8},{"id":29,"label":"movie","start_offset":13,"end_offset":21}],"relations":[{"id":2,"from_id":28,"to_id":29,"type":"研发"}],"Comments":[]}

图 5-61　导出标注结果

任务四　使用 doccano 软件进行数据的情感标注

目前随着微博、论坛、社交媒体及购物网站等兴起,用户开始大范围地自由表达观点和情感。因此,海量主观文本迅速涌现,其中蕴含着丰富的情感。为方便信息查找,情感分析应运而生。

随着互联网的发展,越来越多的人使用在线社交网站来表达自己的情感或分享自己对某件事情的看法。分析数据背后所包含的情感信息,有助于及时了解社会上针对某一产品、话题等的舆论态度,进而可以对负面的情感和态度作出及时的预警,提醒相关人员或组织及时采取应对措施。某公司计划研发信息情感分析系统,应用于情感分析领域,要求使用 doccano 标注软件对网上的评论进行情感标注,并在任务实现过程中,了解使用 doccano 软件标注情感标签的方法。

● 通过 doccano 标注软件导入文本文件
● 通过 doccano 标注软件进行情感标注

技能点 1　情感标注基本概念

情感标注用于情感识别,又叫情感分析、情绪识别。情感标注的任务就是标记原始文本对应的情感。标注的情感中根据难易程度由低到高为:最基础的包括正面、负面和中性(无情感);细分类的有高兴、愤怒、悲哀和失望等;更为细致的分类以情绪强度为基础划分,如高兴分为一般高兴和很高兴,甚至对高兴程度进行打分。如图 5-62 所示。

图 5-62　情感标注

技能点2　情感标注的标注方法

人的情感分为两个层面：一是"展示"，指的是在表面能被看到和听到的言行；二是"潜在"，指的是使人作出行为的感觉。对情感进行标注，可以很好地了解客户的情感，进而有助于调整行业发展策略。

1）情感标注方法

情感标注是针对一些对话数据，对音频内的人物语言内容进行情绪意图的判定，比如：表达疑问、需求或投诉建议等，标注结果如图5-63所示。

例如：分析这句话所表达的情绪【原句：今天是星期天，可是我们还要加班】

选项：1. 开心 2. 愤怒 3. 低落

这句话是针对星期天，其他人可能看电影、逛街去了，而我们还要加班所表现的情绪，所以应该标注【3. 低落】。

图5-63　情感标注

情感标注通常需要通过一定分类方法判定一句话包含的情感，如可以采用三级情感标注（正向、中性、负向），要求高的会分成六级甚至十二级情感标注，情感标注大致可以分为两类。

（1）主客观分类。在实际评论中，包含了许多对客观事实进行直接描述的句子，比如，"该车将汽油发动机和电动机有效结合，能够直接使用现在的燃油，无须充电"就是对客观事实直接描述的句子，没有任何的感情以及修饰在里边，"我购买的车，感觉很不错的，驾驶舒适，做工精细，省油"则是主观描述的句子，如图5-64所示。

图5-64　主客观分类

（2）情感极性分类。包括正面、负面、中性,对带有感情色彩的主观性文本进行分析、处理、归纳和推理的。按照处理文本的类别不同,可分为基于新闻评论的情感分析或基于产品评论的情感分析。其中,前者多用于舆情监控和信息预测,后者可帮助用户了解某产品在大众心目中的口碑,如图 5-65 所示。

图 5-65　情感极性分类

2）进行情感标注时需注意的几个方面

（1）事件信息判断有误。例如,上市、涨停、公司合作、增持等均属于利好事件,但是涨停事件却标记为负面。

（2）比较具有倾向性的情感描述。例如,有望、史上最大、看好、合作、腾飞等描述,均可以视作利好,这种描述表达了作者对市场的看好情绪,反之亦然。

（3）问句大多可视作中性的,但是如果可以具体判断出里面表达出的情感还是要标注,并非一股脑全部判断为中性,而且中文描述中还有很多疑问、反问、设问等修辞,会影响对情感标注的结果。

第一步:新建项目“情感分析”,项目类型为文本分类,勾选“Allow single label”选项,点击创建按钮,完成创建,如图 5-66 所示。

第二步:添加数据集,将准备好的文本添加到项目中,为将来的打标做准备。点击左上角的“操作”→“导入数据集”,如图 5-67 所示。

第三步:点击“数据集”标签,可以看到文本已经被添加到项目中了,如图 5-68 所示。

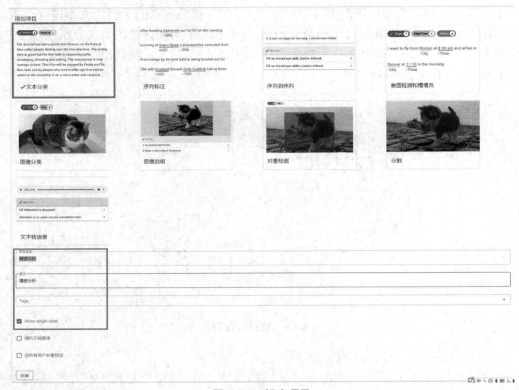

图 5-66 新建项目

图 5-67 添加数据集

图 5-68 数据集

第四步：设置标注时可选的标签，点击左侧的"标签"按钮，继续点击"创建标签"按钮，如图 5-69 所示。

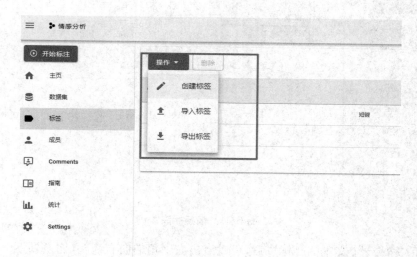

图 5-69　创建标签

第五步：点击"创建标签"按钮后，在标签名输入框中添加"积极""消极"标签，并选择各个标签的颜色，如图 5-70 所示。

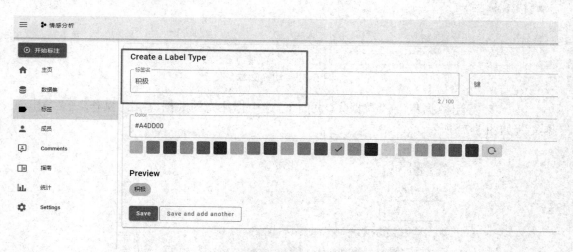

图 5-70　创建标签信息

第六步：进行标注，在打标的界面下可以看到"积极"和"消极"两个标签，判断该文本的情感，点击相对应的标签，完成该文本的标注，如图 5-71 所示。

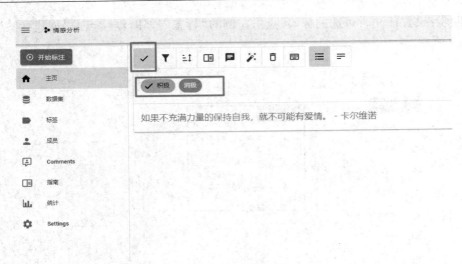

图 5-71　情感标注

第七步：完成一个文本的打标以后，可以点击右上角的向右箭头，切换到下一个文本，也可以通过键盘上的左右方向键来快速切换上一个或者下一个文本，如图 5-72 所示。

图 5-72　切换文本

第八步：导出数据集，在"数据集"页面下，选中标注完的数据，点击"操作"→"导出数据集"，如图 5-73 所示。

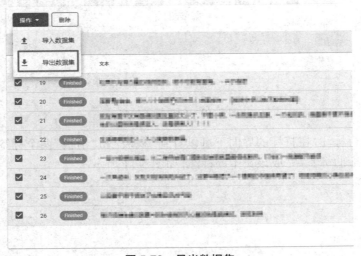

图 5-73　导出数据集

第九步：导出数据集，选择导出的数据类型为 JSON，如图 5-74 所示。

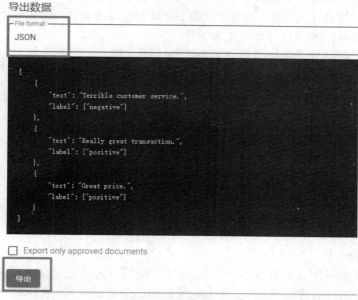

图 5-74　数据集类型

第十步：导出的文件中，保存了句子的 ID、句子原文、情感的类型，如图 5-75 所示。

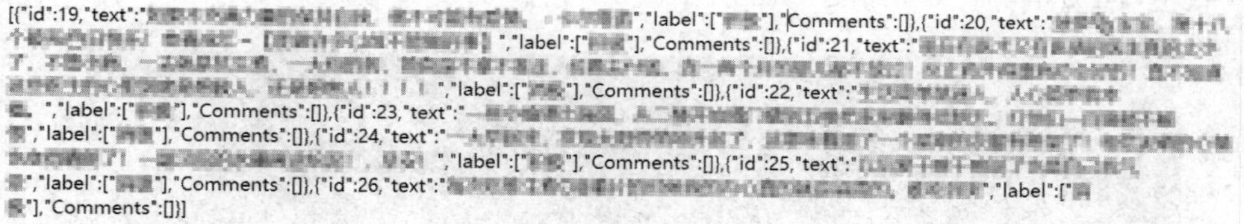

图 5-75　数据集文件

任务五　使用精灵标注助手软件进行数据的文本分类标注

文本分类是 NLP 中最基础的一个任务，很多场景中都涉及，比如对话机器人、搜索推荐、情绪识别、内容理解、企业风控、质量检测等。

当今时代，网络平台上的新闻报道、新闻评论、网友发声等文本数据快速增加。将这些

文本数据正确归类,可以更好地组织、利用这些信息。某公司依据需求情况计划研发文本信息分类系统,应用于文本分类领域,要求使用精灵标注助手软件对网络上的新闻进行分类标注,并在任务实现过程中,对使用精灵标注助手软件标注文本分类的方法进行了解。

● 通过精灵标注助手软件导入文本文件
● 通过精灵标注助手软件进行文本分类

技能点 1 文本分类基本概念与方法

1. 文本分类概述

文本分类是指用计算机对文本(或其他实体)按照一定的分类体系或标准进行自动分类标记。伴随着信息的爆炸式增长,人工标注数据已经变得耗时、质量低下,且受到标注人主观意识的影响。因此,利用机器自动化地实现对文本的标注变得十分具有现实意义,将重复且枯燥的文本标注任务交由计算机进行处理能够有效解决以上问题,同时所标注的数据具有一致性、高质量等特点,如图 5-76 所示。

图 5-76 文本分类

2. 文本分类的方法

文本分类是文本处理中一个很重要的模块,它的应用也非常广泛,如垃圾过滤、新闻分类、词性标注等。它和其他的分类没有本质的区别,其核心方法为首先提取分类数据的特征,然后选择最优的匹配,从而分类。

例如:对邮件进行分类,标签可以定义为"垃圾"和"非垃圾";对新闻的类型进行分类,其标签可以定义为"金融""娱乐"和"科技"等,如图 5-77 所示。

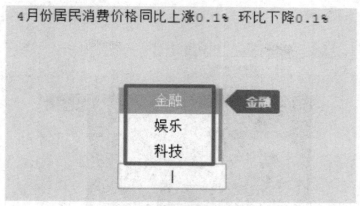

图 5-77 文本分类

技能点 2 安装文本分类标注所需工具

精灵标注助手是国内开发的一款客户端标注工具,其支持文本、语音、图像、视频等多种类型的标注,可以实现图像分类、曲线定位、3D 定位、文本分类,文本实体标注、视频跟踪等功能。同时,该软件还提供具有可扩展性的插件设计,通过插件形式支持自定义标注,可根据具体需求开发不同的数据标注形式,支持在 Windows、IOS、Linux 系统下进行安装,导出格式支持 JSON 文件格式和 PasalVoc 的 XML 文件格式,如图 5-78 所示。

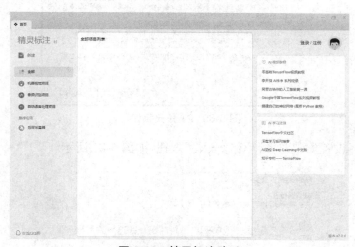

图 5-78 精灵标注助手

1)安装精灵标注助手

第一步:精灵标注助手的安装,首先进入精灵标注助手官网下载 Windows 版的精灵标注助手安装程序,如图 5-79 所示。

图 5-79 安装精灵标注助手

第二步：双击打开下载的安装包，单击"我接受"按钮开始安装，如图 5-80 所示。

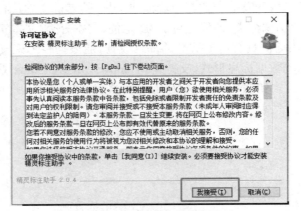

图 5-80 接受安装许可

第三步：选择设置安装路径，单击"安装"按钮，如图 5-81 所示。

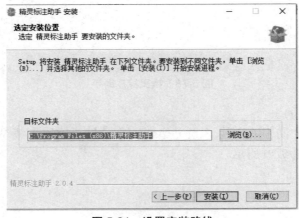

图 5-81 设置安装路线

第四步：安装完成，如图 5-82 所示。

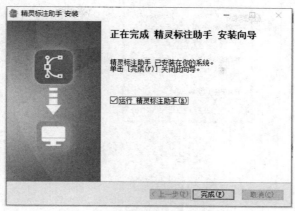

图 5-82　安装完成

2）使用精灵标注助手

（1）创建项目。精灵标注助手可创建图像分类、矩形框、多边形、曲线定位、3D 定位、文本分类、文本实体标注、视频跟踪等类型项目，如图 5-83 所示。

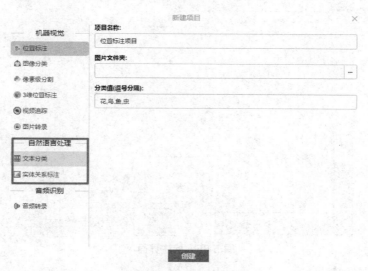

图 5-83　创建项目

①项目名称。该项目的具体名称。

②文本文件夹。项目数据集所在位置。

③分类值。项目分类标签，需注意的是各个标签之间使用英文的逗号相隔。

④文字分类。一个数据集中包含多少个分类，如图 5-84 所示。

（2）标注界面。打开软件，进入标注界面，如图 5-85 所示。

操作按钮功能分别为："前一个""后一个""导入""导出""设置"。

图 5-84　填写信息

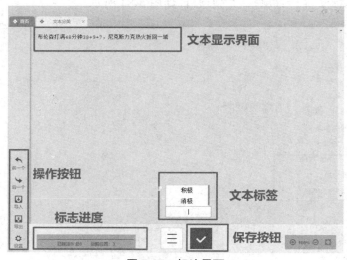

图 5-85　标注界面

拓展知识:坚持自主研发和科技创新

　　从事软件相关行业的人员必然会使用相关的工具软件辅助日常工作,标注任务也是一样,选择一款适合的软件尤为重要。由于国内软件发展相较于国外起步较晚,导致市场上大部分工具软件都由国外人员制作,我国在这方面处于劣势。党的二十大报告中指出,加快实施一批具有战略性全局性前瞻性的国家重大科技项目,增强自主创新能力。加强基础研究,突出原创,鼓励自由探索。提升科技投入效能,深化财政科技经费分配使用机制改革,激发创新活力。精灵标注助手就是国内开发的一款客户端标注工具,作为软件开发从业人员应坚持自主研发,坚持科技创新,才能在技术竞争愈加激烈的时代获得长足发展。

第一步：新建项目"文本分类"，点击左侧文本分类按钮，创建文本分类任务，如图 5-86 所示。

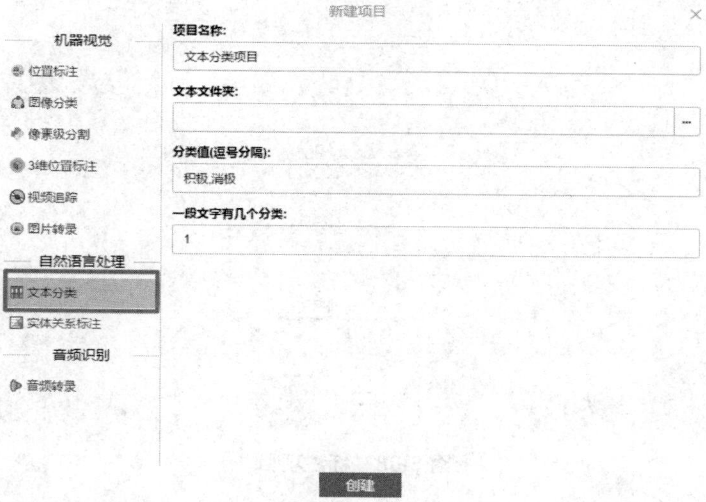

图 5-86　创建项目

第二步：填写项目任务信息，填写完成后，点击"创建"按钮，如图 5-87 所示。

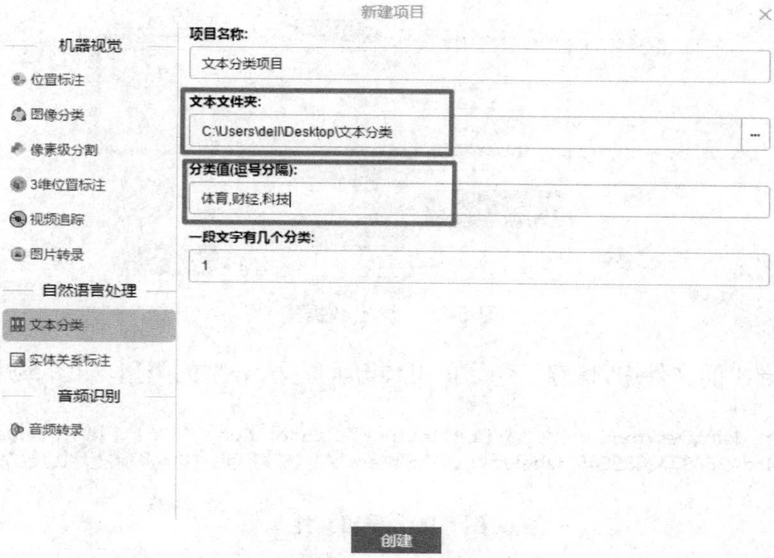

图 5-87　填写任务信息

第三步:阅读文本,按照文本分类标注要求,针对文本的相应内容选择对应的文本标签,如图 5-88 所示。

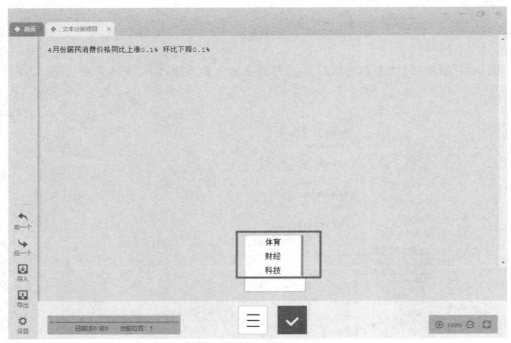

图 5-88 标注项目

第四步:标注完成后,点击"导出"按钮,选择导出的格式为 JSON,选择保存的文件地址,点击"确定导出"按钮,完成文件的导出,如图 5-89 所示。

图 5-89 导出数据集

第五步:导出的文件中,保存了句子的 ID、句子原文、分型的类型,如图 5-90 所示。

{"path":"C:\\Users\\dell\\Desktop\\文本分类\\1.txt","outputs":{"annotation":[{"class":{"id":1,"value":"财经"}}]},"time_labeled":1683772489945,"labeled":true,"content":"4月份居民消费价格同比上涨0.1% 环比下降0.1%"}

图 5-90 导出文件

　　本项目通过学习文本数据标注的相关知识,使读者对文本数据标注的基本概念、分类、标注工具、应用场景有所了解,对 doccano 标注软件的使用方式、标注流程、精灵标注助手软件的使用方式和标注流程有所了解并掌握,并通过所学知识,能够使用文本标注软件完成文本数据标注任务。

NLP	自然语言处理
dimension	尺寸标注
NER	命名实体识别
text	文本
emotion	情感
dataset	数据集
classification	分类
entity	实体
relationship	关系
comment	评论

一、选择题

1. 文本标注需要按照自然语言处理的要求进行标注,其中自然语言处理的英文简称是(　　)。

A. NPL

B. TTS

C. NLP

D. OCR

2.(　　)是将自然语言文本划分为不同的类别。

A. 文本分析

B. 文本分类

C. 文本理解

D. 实体命名

3. 文本情感分析是指利用自然语言处理和文本挖掘技术,对带有情感色彩的主观性
(   )进行分析、处理和抽取的过程。

A. 信息   B. 数字

C. 文本   D. 语句

4. 以下哪个不是文本分类的步骤(   )。

A. 文本预处理   B. 图片分类

C. 导出数据集   D. 目标检测

5.(   )自然语言处理 NLP 中的 N 是哪个单词的缩写。

A. Neuro   B. Natural

C. National   D. Name

二、填空题

1. 文本数据标注作为最常见的数据标注类型之一,是指将包括 ____、____ 在内的文本
进行标注,让计算机能够读懂并识别。

2._____ 是将自然语言文本划分为不同的类别。

3.NLP 是英文 Natural Language Processing 的缩写,字面意思是 _____。

4. 通常情况下命名实体可以分为三大类:_____、时间类、_____。

5. 关系标注就是从一段文本中首先找出 _____,然后判断两者之间所存在的 _____。

二、简答题

1. 什么是文本标注?

2. 文本数据标注规范有哪些?